二十四节气农事手册

中国农业博物馆 编

中国农业出版社

北 京

图书在版编目（CIP）数据

二十四节气农事手册 / 中国农业博物馆编. -- 北京：
中国农业出版社，2025.6. -- ISBN 978-7-109-33108-2

Ⅰ. S16-62

中国国家版本馆 CIP 数据核字第 20258K88Q8 号

二十四节气农事手册

ERSHISI JIEQI NONGSHI SHOUCE

中国农业出版社出版

地址：北京市朝阳区麦子店街18号楼

邮编：100125

责任编辑：赵　刚

版式设计：小荷博睿　　责任校对：吴丽婷

印刷：北京印刷集团有限责任公司

版次：2025年6月第1版

印次：2025年6月北京第1次印刷

发行：新华书店北京发行所

开本：700mm×1000mm 1/16

印张：13.5

字数：236千字

定价：68.00元

前　言

　　二十四节气是中国人通过观察太阳周年运动而形成的时间知识体系及其实践被国际社会誉为中国古代的"第五大发明"，是中华民族创造并传承至今的时间指南。具体是指，将地球围绕太阳公转一圈的时间划分为24等份，每一等份为一个节气，包括从立春到大寒共计24个，统称"二十四节气"。同时，中国先民又以大约5日为一候，将每个节气进一步细分为三候，统称"七十二候"。二十四节气、七十二候能够准确反映一年中的时令、气候、物候等变化规律，提示人们遵循自然节律因时而动、顺势而为，体现着中国人特有的宇宙观和自然观，蕴含着丰富的科学内涵、哲学思想和文化价值。

　　农作物生长与大自然节律密切相关，春种、夏长、秋收、冬藏，只有科学把握农时，适时安排生产，才能做到不违农时。千百年来，二十四节气始终是农民从事农事劳作的时间指针，"立夏快锄苗，小满望麦黄""立秋天气爽，处暑动刀镰""白露白茫茫，寒露修谷仓"，这些农谚都是农民遵循节气安排生产的生动体现。我国幅员辽阔，各地的自然环境、资源禀赋差异较大，同一节气，各地物候现象各有差异，但"种田种地，全凭节气"在各地都有与其环境气候适应的节气农谚。同一个地方在每年的同一节气期间都要从事相同的农事生产、开展同样的习俗活动。这反映了二十四节气具有跨地域和跨民族的显著特点，有着很强的包容性和普适性。

　　中国特色农事节气承载着华夏文明生生不息的基因密码，彰显着中华民族的思想智慧和精神追求，不仅是古老、厚重的文化遗产，更是现代、鲜活的文化资源。本书以农业生产为重点，按二十四节气分别介绍各节气的农时农事。每个节气都包含三个方面内容，分别为农业生产、农村民俗、田园景观。

"农业生产"分粮棉油、果蔬茶、畜鱼蚕三个版块，介绍农业生产过程中的农时和农事活动。"粮棉油"，按东北、西北、黄淮海、江淮、江南、华南、西南的七大地理分区，分别介绍小麦、水稻、玉米、油菜、马铃薯和甘薯、大豆、棉花等七类主要农作物在各个节气的农事活动。"果蔬茶"中的"果"和"蔬""，也按东北、西北、黄淮海、江淮、江南、华南、西南的七大地理分区，介绍苹果、梨、葡萄等主要果树，以及白菜、萝卜、大蒜等露地蔬菜和大棚蔬菜在各个节气的农事活动；"茶"主要介绍江淮、江南、华南地区的茶园在各个节气的农事活动。"畜鱼蚕"中的"畜"主要介绍猪、鸡、牛、羊等主要畜禽在各个节气的养殖活动；"渔"重点介绍鲤鱼、草鱼、鲫鱼、鲢鱼、鳙鱼等淡水鱼在各个节气的养殖活动；"蚕"主要介绍长江三角洲地区、珠江三角洲地区、川陕地区的桑蚕，以及东北地区和山东、河南等北方地区的柞蚕在各个节气的养殖活动。

"农村民俗"主要介绍与农业生产关系比较密切的农业习俗，部分内容也延展到农民生活和乡村节庆活动，蕴含劝课农桑、勤劳耕作、团结互助等思想理念，反映着农民憧憬丰收的美好愿望，在潜移默化中深刻形塑着人们的思维方式和行为准则，涵养着重农爱农、向上向善的文化风尚。

"田园景观"选取节气期间富有特色的田园风光，助力观光农业、体验农业发展，同时为乡村旅游提供好去处。当前，围绕特色景观，各地以节造势，集聚人气，形成了红红火火的农文旅盛会，对于促进就业创业，释放发展动能，推动城乡融合发展具有积极作用，在有效传承弘扬优秀传统文化的同时，也成为新的经济增长点。

本书配有丰富的图表，力求全面、准确、通俗地展现二十四节气的农事、民俗和景观，具有较强的科学性、可读性和趣味性。我们希望本书能够成为您了解中国传统节气文化的窗口，让我们一起跟随节气律动的脚步，在春生夏长秋收冬藏中感受二十四节气这一人类古老智慧的时代价值，在全面推进乡村振兴、实现农业农村现代化的进程中，发挥节气文化的赋能作用。

编　者

2025年6月

目录

前言

二十四节气农事手册

四季之春始　春来万物生

立春，二十四节气中的第一个节气，通常在每年2月3日至5日，太阳到达黄经315°进入立春节气[①]。立春意味着冬季结束、春季开始。农谚云"立春一年端，种地早盘算"，立春后，天气逐步回暖，要及时开展春耕备耕。同时，立春常有冷空气侵入，全国大部分地区气温变化大，易出现大风天气及暴风雪等灾害性天气，提示人们要加以防范。立春分三候：一候东风解冻，春风送暖，大地开始化冻；二候蛰虫始振，冬眠动物开始苏醒；三候鱼陟负冰，阳气回升，冰层变薄，鱼儿逐渐上浮，像背负着冰在游动。

---

① 黄经，即黄道上的经度坐标。天文学上把太阳黄经的360°划分成24等份，每15°为一个节气，并规定春分日为黄经0°。

一、农业生产

（一）粮棉油

农谚说，"春打六九头，春耕备耕早动手"，立春后，天气逐步回暖，农事活动陆续展开。这段时间要做好春耕备耕，同时要充分利用气温回升的良好时机，及时做好冬小麦、冬油菜等作物的田间管理，除草、松土、施肥以及防寒保苗等工作。

立春节气，**黄淮海、西北地区**冬小麦要预防倒春寒，要适时春灌、追肥、镇压，保证顺利返青。**江淮地区**冬小麦由南向北返青，要控制旺长，强壮弱苗，预防冻害。**江南、华南地区**冬种马铃薯多处于结薯期，要谨防春季低温阴雨病害。**西南地区**冬油菜初花期应注意保持"厢沟、腰沟、围沟"三沟通畅，喷施叶面肥，防治菌核病。

表1　小麦

地区	生长状况	主要农事
东北、西北（部分地区）		春小麦农闲期
西北（大部分地区）、黄淮海	灌区小麦进入返青期，旱区即将返青	定期查苗，视情况开展田间管理和防灾减灾措施
江淮	由南向北进入返青期	已返青的镇压、划锄，增温保墒，未返青的防治病害以保证顺利返青
江南、华南	起身拔节期	春季化学除草，冻害预防与补救，防治病虫害，看苗追施拔节肥以合理促控

表2　水稻

地区	生长状况	主要农事
长江以北大部分地区、西南		水稻农闲期
江南、华南	备种	培肥苗床，备耕备种

表3　玉米

地区	生长状况	主要农事
长江以北大部分地区		玉米农闲期

地区	生长状况	主要农事
江南、华南	冬播玉米结实、灌浆期，春播玉米备种	整地施肥，选种播种，防低温阴雨
西南	春玉米备种	备肥，选种，做好集雨防旱

表4 油菜

地区	生长状况	主要农事
西北、江南、中南	蕾薹、初花期	保持"厢沟、腰沟、围沟"三沟通畅；弱苗追肥合理促控
黄淮海、江淮	苗后期	防冻害，构建合理群体
西南	始花期	保持"厢沟、腰沟、围沟"三沟畅通；追施花肥防早衰，防花而不实；防鸟害

表5 马铃薯、甘薯

地区	生长状况	主要农事
东北（甘薯）	播种育苗期	选良种，做苗床；催芽；防低温；追肥培育壮苗；除草
西北（马铃薯）	南部冬马铃薯发棵期	灌水、看苗追肥；除草，防冻防旱
黄淮海（甘薯）	储藏后期、温床育苗	储藏库温湿度适宜，适当通风确保薯块安全储藏
长江中下游（甘薯）	储藏后期	控制储藏温度和湿度；注意通风换气，保证薯块安全储藏
江南、华南（马铃薯）	冬薯多处于结薯期，春薯多处于播种期	防春季低温阴雨，冬薯培土、叶面追肥，排水降湿
华南（甘薯）	秋薯收获，北部冬薯分枝结薯期，南部夏薯育苗期	秋薯及时收获，及时贮存；冬薯弱苗施肥，防蚜虫；夏薯备耕
西南（马铃薯）	春薯播种出苗，冬薯发棵期	晚春薯播种，冬薯灌水、追肥促长
西南（甘薯）	储藏后期	确保储藏室适宜的温度和湿度；通风换气

表6　大豆

地区	生长状况	主要农事
长江以北大部分地区、西南		大豆农闲期
江南、华南	春大豆设施栽培	保护地播种；用好基肥；早苗齐苗

表7　棉花

地区	生长状况	主要农事
全国		棉花农闲期

（二）果蔬茶

农谚说，"立春一日，百草回芽"。立春后气温回升，果树、蔬菜和茶叶都需要做好田间管理，适时施肥，为春天的蓬勃生长做好充足准备。

果树　西北、黄淮海地区苹果树和梨树处于休眠期，适时灌封冻水，做好整形修剪，树干涂白、清园和病虫防控。黄淮海、江淮地区露地栽培葡萄应修缮架材、缺株补栽；大棚葡萄进行扣棚，用地膜覆盖或适时进行中耕、松土、除草等，使土壤保持湿润疏松和无杂草状态。做好露地栽培葡萄和大棚葡萄骨干蔓（多年生蔓及母枝）和新梢引缚。江南、华南、江淮地区柑橘处于花芽分化期，要加强春季管理，应松土增温、整枝修剪、间移间伐，清理果园沟渠和道路。

蔬菜　东北、西北等大部分地区，大棚中的蔬菜郁郁葱葱、生机盎然，多数露地栽种的蔬菜还没到适宜播种育苗的时期。黄淮海、江淮地区露地春黄瓜温汤浸种，浸种后置于25～30℃条件下催芽，待大部分种子露白即可播种。播种后要注意覆膜封严，夜间加盖草苫防寒保温。露地秋播大蒜仍处于越冬期，要防止地膜破损，确保幼苗安全越冬。江南、华南地区做好越冬蔬菜的防寒保暖，加强田间管理，适时采收。

茶　江淮、江南、华南地区茶园开沟浅施催芽肥，以施氮肥为主，撒施后覆土。在茶芽萌动后晴天下午3时喷施叶面肥，每隔7～10天喷施一次，连续喷施2～3次，提高茶树发芽能力。对于冬季遭受严重冻害的茶园应抓紧对受冻枝梢进行适度修剪，修剪后通过加强肥水管理及适度留养等措施，重新培养高产树冠。密切注意天气预报，随时采取覆盖、喷灌水、熏烟等措施严防倒春寒。

（三）畜鱼蚕

农谚说，"立春天气好，牲畜肥又壮"。立春天气开始回暖，要做好畜舍防风保温和疫苗接种工作，还要根据水温变化及时投放鱼苗，为畜鱼的春季繁殖和生长做好充足准备。

立春时天气仍然寒冷，养殖户要继续做好畜牧场的保温防寒工作，切不可过早拆除畜舍的塑料膜、棉被、火炉等防风保温设备，还需继续"捂"一段时间，以免发生"打春冻死牛"的情况。春天是畜禽疫病的高发期，因此要提供营养均衡的饲草料，清洁环境，减少病菌滋生，并及时做好牲畜疫苗接种工作。立春过后，农耕始忙，农户要做好耕牛催膘健体工作，让耕牛有充沛的体力投入春耕生产之中。

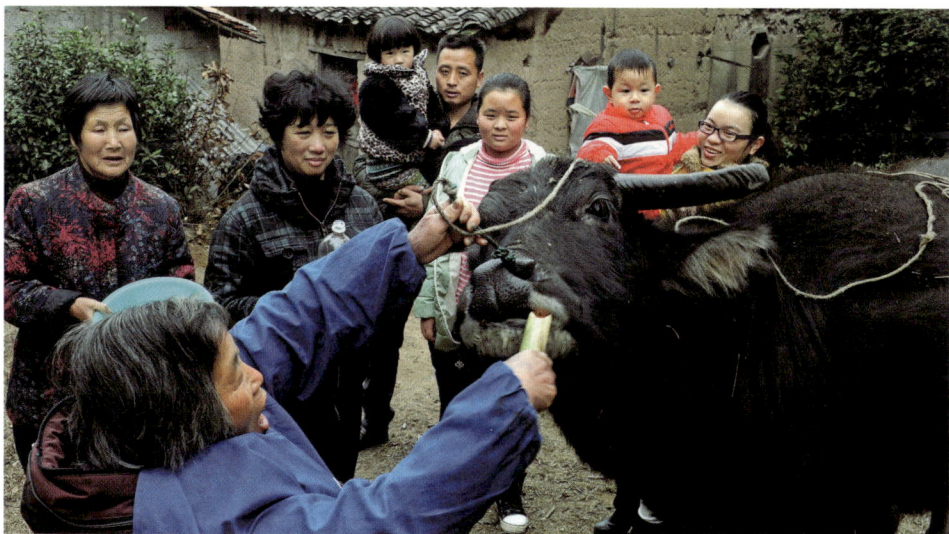

图1 武义县村民在立春当天给自家耕牛喂米酒和糯米粥用以催膘健体（张建成 摄）

养鱼户根据当地气温和河水化冻情况，适时开展鱼种放养工作。因为大部分致病性微生物在水温较低环境中都处于休眠的状态，鱼类活动也较弱，此时，投放的鱼种不易受伤，所以便有"放鱼莫过春，过春鱼发瘟"的民间养鱼谚语。需要注意的是，投放鱼种要选择12厘米以上的草、鲢、鳙等鱼苗，若投放的鱼苗太小，增加了鱼苗死亡的风险，也很难在一年之内养到能够出售的规格。

"种得一田桑，可免一家荒。"立春时节，蚕事活动尚未开始。蚕农根据桑园面积和茧丝市场在新春伊始对全年养殖家蚕的批次、数量进行规划。

二、农村民俗

"金钗影摇春燕斜，木杪生春叶。水塘春始波，火候春初热。土牛儿载将春到也。"这首元曲描绘了元代迎春民俗。交节气这一天，北方通常吃春饼、萝卜，南方则吃春卷、生菜，俗称"咬春"，有尝春和迎新纳吉之意。

九华立春祭 立春时节，浙江省衢州市举行"九华立春祭"活动，通过祭拜句芒、扎制春牛、演戏酬神等，迎接春天，企盼丰收。

鞭春牛 河南省内乡县县衙博物馆开展"鞭春牛"活动，再现古时官府劝农稼穑仪式。广西龙胜县人们闹春牛、舞春牛，表达感恩，祈求丰收。

石阡说春 贵州省石阡县春官们走街串巷、挨家挨户，以朴实美妙的歌声，向村民们传播农事节气，报送美好祝福。

戴"春鸡" 山东、河南等地则要给孩子佩戴"春鸡"，迎春祈福，祈求新的一年风调雨顺，寓意岁丰年稔、丰衣足食。

图2　石阡说春（高强　摄）

图3　内乡打春牛（内乡县衙博物馆　供图）

三、田园景观

　　立春时节，在云南施甸怒江河谷段，两岸的木棉花竞相绽放。木棉树干高大笔直，花卉鲜红斑斓但不媚俗，如同一团团燃烧的火焰。"花开飘焰火，瓣落颂英雄。"木棉树在当地文化中被视为英勇和坚韧的象征，木棉花也被称为"攀枝花""英雄花"。

图4　怒江边上木棉红（昌宁县　供图）

立春也是福建等地樱花盛放的时节。"小园新种红樱树，闲绕花行便当游"。位于福建漳平的永福樱花园，42个品种的10多万株樱花竞相绽放，这里是全国最大的高山乌龙茶生产基地，而樱花园就藏在这片绿色茶海里。茶田夹杂樱花，相互映衬，形成美丽樱花与满山茶香交相辉映的独特美景。

图5　福建漳平永福樱花园（艾世民　摄）

二十四节气农事手册

天将化雨舒清景　萌动生机待绿田

雨水，二十四节气中的第二个节气，通常在每年2月18日至20日，太阳到达黄经330°进入雨水节气。雨水节气的到来标志着降雨开始，降水量在总体上开始呈现递增趋势，农谚云"春得一犁雨，秋收万担粮"，降水有利于缓解春季旱情，促进农作物生长。雨水分三候：一候獭祭鱼，冰雪融化，鱼儿从湖底往上迁游，水獭开始下河捕鱼；二候候雁北，冬寒渐退，作为知时之鸟的大雁开始从南方飞回北方；三候草木萌动，阳气既达，草木开始抽出嫩芽，春耕即将开始。

一、农业生产

（一）粮棉油

农谚说，"雨水有雨庄稼好，大春小春一片宝"。从雨水这一天开始，天气回暖，降水增多。降水有利于缓解春季旱情，促进农作物生长。

西北及黄淮海地区冬小麦要适时春灌、追肥、镇压，保证顺利返青；冬油菜进入初花期和蕾薹期，要及时摘除早薹，防冻害、虫害。**江淮地区**冬油菜、冬小麦生长加快，冬小麦应适时浇灌返青水，清沟理墒，旺苗化控，应用植物生长调节剂来调节作物的生长发育。**江南、华南地区**要修整田基，培肥苗床，备好农资农机，做好早稻播前准备；部分冬播马铃薯处于结薯期，应注意预防春季低温阴雨。**西南、西北地区**冬播马铃薯处于发棵结薯期、春播马铃薯处于播种出苗期，冬油菜处于开花期，应防冻防旱，保证水肥供应。

表8　小麦

地区	生长状况	主要农事
东北、西北（部分地区）	春小麦农闲期	
西北（大部分地区）、黄淮海	北部旱区冬小麦即将返青前，南部旱区和灌区冬小麦开始或即将返青	镇压划锄以培育壮苗
江淮	返青期	清沟理墒，排水防渍，防治病害，构建合理群体
江南、华南、西南	拔节期	施拔节肥，合理促控，化学除草，防治病害，壮秆防倒伏

表9　水稻

地区	生长状况	主要农事
长江以北大部分地区	水稻农闲期	
江南、华南、西南	备种	播前准备

表10 玉米

地区	生长状况	主要农事
长江以北大部分地区		玉米农闲期
江南、华南	冬播玉米籽粒灌浆期，局地春玉米始播期	准备农资、农机；春播整地
西南	整地备播，部分地区开始播种	备好农资、农机，做好集雨防旱

表11 油菜

地区	生长状况	主要农事
黄淮海、江淮	自南向北进入蕾薹期	自南向北追施薹肥促早发晚长，控旺防旱，构建合理群体，防冻害
西北、江南、华南	初花期	及时摘除早薹、早花，防病虫害、冻害
西南	开花期	施叶面肥防花而不实，防菌核病、防鸟害

表12 马铃薯、甘薯

地区	生长状况	主要农事
东北、黄淮海、江淮（甘薯）	播种育苗	选种，催芽，防低温，培育壮苗
江南、华南（马铃薯）	冬薯淀粉积累期，春薯发棵期	春薯齐苗后培土，做好抗旱排水防霜冻；防早疫病、疮痂病
华南（甘薯）	秋薯收获期，北部冬薯分枝结薯期，南部夏薯育苗期	秋薯晴天及时收获；冬薯弱苗补施平衡肥，防治蚜虫；夏薯备耕
西南、西北（马铃薯）	春薯播种出苗，冬薯结薯期	早春薯幼苗期，晚春薯播种，冬薯灌水追肥

表13 大豆

地区	生长状况	主要农事
长江以北大部分地区、西南		大豆农闲期
江南、华南	春大豆设施栽培	播种后覆盖地膜；调好大棚温度，早苗齐苗

表14　棉花

地区	生长状况	主要农事
全国大部分地区		棉花农闲期

（二）果蔬茶

农谚说，"春雨贵如油，保墒抢时候"。雨水时节雨量渐渐增多，要抓紧越冬作物田间管理，做好果树、蔬菜和茶叶的选种、春耕、施肥等各项准备。

果树　西北地区苹果树修剪枝条，以调整花芽、枝叶比例和养分供应配比，并做好刮树皮、环扎、诱杀等，减轻病虫害发生程度。偏南地区未进行冬灌的果园需进行春灌。**黄淮海地区**果树萌动前结束冬剪。**江淮、江南、华南地区**果树要松土增温、修剪树枝，间移间伐、移栽大树，继续修理果园沟渠、道路，清理边沟。脐橙施催芽肥，葡萄清园、春耕、除草，在新建果园进行春栽。

蔬菜　西北地区露地秋冬播大蒜适当浇水。**黄淮海地区**露地蔬菜解冻后去除覆盖物，选择晴暖天浇返青水；大蒜施氮肥，地膜洋葱及时破膜放苗；大棚蔬菜按照土壤见干又见湿原则，看天看地看苗浇水，注意揭膜通风。**江淮地区**大棚蔬菜夜间多层覆盖保温，白天要通风，适时浇水，并及时采收上市。

茶　江淮、江南、华南地区早生种茶园开采要适期，当茶树蓬面每平方米有10～15个茶芽符合鲜叶质量要求时，可开采。在采摘中要按标准、及时、分批、勤采，应采尽采，多采嫩茶。中、晚生品种茶园，开沟浅施氮肥以催芽；高产茶园，肥料适当增加，茶芽萌动后，喷施叶面肥以提高茶树发芽能力。密切注意天气预报，根据具体情况，通过覆盖、喷灌水、熏烟等措施严防春季冻害。

（三）畜鱼蚕

农谚说，"牛驴骡马要加料，春耕春种如虎猛。"雨水节气要注意畜禽饲草料的保存，防止霉变引起动物疾病。水产养殖以清理越冬鱼塘和新塘施用基肥为主，根据气温适时开食。蚕农开始春蚕原种的催青工作。

雨水节气，降水逐渐增多，储存不当的饲草料易引发霉变并滋生霉菌毒素，采食变质的饲草料会引发畜禽腹泻等胃肠道疾病，甚至死亡。养殖户要时刻注意饲草料的干燥储存条件，按照"上不滴水，下不受潮"的原则，修

二十四节气农事手册

茸饲草料储存间。此时天气犹寒，瘟疫易发，谨防风邪侵入畜禽机体，尤其是冷热交替对养猪业构成了极大考验，要时刻预防口蹄疫、流感、肺炎等烈性传染病的暴发。养殖场要根据天气对畜舍进行适当的通风换气，利用空气对流降低病原体的浓度，同时要确保畜舍通风与保温的平衡。

图6　渔民放流鱼苗（王建中　摄）

越冬清理鱼塘和新塘施用基肥，以备即将开始的养殖。温度回升较快的地区，开始准备投喂饲料。当水温高于10℃时，应少剂量投喂鱼食，防止过度投喂造成水质下降。部分地区将迎来鲤鱼和鲫鱼的产卵繁殖期，要做好鱼卵的保护、收集和孵化工作。

"雨里鸡鸣一两家，妇姑相唤浴蚕去。"蚕农开始准备桑蚕春种的催青工作，制定催青日程计划和操作要求。催青室和催青工具必须严格消毒，催青室可用石灰粉刷和漂白粉喷洒消毒，催青工具用消毒粉或次氯酸浸泡消毒。

二、农村民俗

"好雨知时节，当春乃发生。随风潜入夜，润物细无声。"早春的雨水格外珍贵，滋润着世间万物。由天事映射人事，人们围绕雨水时节雨润万物这一文化内涵，形成了雨水节气尊长爱幼的文化传统。

天穿节　人们期盼知时节的好雨，同时也担心之后雨水过多形成灾害，因此在湖北、福建及香港、台湾等地，人们举行丰富多彩的民俗活动来"补天穿"，庆祝古老的"天穿节"，以祈求风调雨顺、五谷丰登。

拉保保　四川省什邡市竹溪公园每年会举办"拉保保"活动，取雨露滋润、苗壮成长之意，寄望儿女健康成长。

图7　拉保保（陈勇　摄）

在川西一带有"雨水节，回娘家"的习俗，雨水这一天，女婿、女儿通常带着罐罐肉回娘家探望岳父母，这是对辛辛苦苦将女儿养育成人的岳父岳母表示感谢和敬意。

图8　回娘家（黄善忠　摄）

三、田园景观

春雨至，万物生。迎着2月的春风，云南罗平百万亩油菜花田已经竞相绽放，赏花期可以持续一个多月。这里作为世界上面积最大的油菜花海，被誉为"东方花园"。翠绿的群山间，金灿灿的油菜花开得格外耀眼，带给人们扑面而来的浓浓春意。当地每年11月份玉米收获以后开始种油菜，翌年4、5月油菜籽收割以后再种玉米。这样冬闲农不闲，花田、菜田、蜜田、油田轮番上阵，油菜"开"出了缤纷产业链。

图9　云南罗平油菜花海（毛虹　摄）

雨
水

春雷惊百虫　翠野启春耕

惊蛰，二十四节气中的第三个节气，通常在每年3月4日至6日，太阳到达黄经345°进入惊蛰节气。惊蛰标志着气温回暖，蛰虫等冬眠动物结束冬眠，开始活动。同时，惊蛰前后乍暖还寒，多发干旱、大风、剧烈降温，尤其要注意预防倒春寒等农业灾害性天气。农谚云"惊蛰春雷响，农夫闲转忙"，春耕生产由南至北渐次忙碌起来。惊蛰分三候：一候桃始华，桃花开始绽放、热闹春景到来；二候鸧鹒鸣，黄鹂知春暖，鸣悦耳之音以报春；三候鹰化为鸠，鹰躲藏起来孵育小鹰，斑鸠鸟鸣叫，提醒人们抓紧播种五谷。

一、农业生产

（一）粮棉油

"惊蛰下犁地，好似蒸笼跑了汽。"惊蛰时节，蛰虫惊醒，此时天气转暖，雨水增多，渐有春雷，中国大部分地区进入春耕生产的大忙季节。此时冷暖交替不定，气温波动甚大，应把握好气温进行作物的田间管理。

东北地区开始备耕备种，甘薯播种育苗。**西北地区**南部小麦开始返青，可灌水保苗；春马铃薯即将整地备播。**黄淮海地区**小麦由南向北返青起身，要根据苗情划锄镇压、追肥灌水，促弱转壮。油菜掌握在平均温度8℃以上进行化学除草，旺苗化控。**江淮地区**冬小麦起身拔节，追水追肥；油菜花也即将开放，要及时锄草、灌溉、追肥、预防病虫害。**江南、华南地区**双季早稻准备或开始播种，要注意培育壮苗、施足基肥；春马铃薯处于结薯膨大期，冬马铃薯进入积累成熟期，晴日要及时收获；油菜正在开花，弱苗要追施花肥。**西南地区**的油菜开始进入角果期，应注意保持三沟畅通，防渍防病；冬播马铃薯正在结薯成熟，注意防控晚疫病，春播马铃薯已出苗，齐苗时中耕培土，除草施肥。

表15 小麦

地区	生长状况	主要农事
西北	南部进入返青期	追肥灌水，促弱控旺，化学除草，防治病虫害
黄淮海	自南向北返青起身	根据苗情进行划锄镇压、追肥灌水
江淮	自南向北进入起身、拔节期	拔节前镇压，化学除草，拔节期追肥浇水
江南、华南	拔节、孕穗期	清沟排渍，防治病虫害，追施孕穗肥，稳穗增粒
西南	拔节至孕穗期	适当灌水防倒春寒，防治病虫害

表16 水稻

地区	生长状况	主要农事
西南	备种	备种、备肥，因地选种
西北、黄淮海、江淮		水稻农闲期
江南、华南	双季早稻备种播种	浸种催芽，秧盘育秧，培育壮苗

表17 玉米

地区	生长状况	主要农事
东北、西北、黄淮海	玉米农闲期	
江淮	春玉米备种	备种子化肥，整地配套沟渠
江南、华南	冬玉米成熟收获期，部分地区春玉米播种期	整地施肥，合理密植，间苗定苗
西南	春玉米备耕或播种	施足基肥，播种育苗

表18 油菜

地区	生长状况	主要农事
西北	西北南部冬油菜花期	保持三沟通畅，防渍防病，追施花肥
黄淮海、江淮	蕾薹期	清沟理墒，弱苗追施花肥，护叶保花，促枝增角
江南、华南	花期	保持"厢沟、腰沟、围沟"三沟畅通，弱苗追施花肥，协调个体群体
西南	花期至角果期	防治虫害、鸟害；旱区追水追角果肥，养根护叶，保花保粒

表19 马铃薯、甘薯

地区	生长状况	主要农事
东北（甘薯）	播种育苗	选种，催芽，培育壮苗，防低温
黄淮海（甘薯）	育苗期	苗床翻整施肥，选种薯块消毒后排种
长江中下游（甘薯）	排种期	浸种消毒，抢晴排种，增温足水早出苗
江南、华南（马铃薯）	冬薯积累、成熟期，春薯播种期	冬薯2月下旬起晴天及时收获，春薯培土除草、追肥；防治病虫害
华南（甘薯）	北部冬薯薯蔓并长，南部夏薯育苗期，晚秋薯结薯期	冬薯清沟排渍，防治病虫草害，促根护叶；夏薯选疏松沙壤土整地起垄，适时排种
西北南部、西南（马铃薯）	西南、西北南部春薯播种出苗期，冬薯结薯期	高山区春薯始播，冬薯早灌，防控晚疫病

惊蛰

表20　大豆

地区	生长状况	主要农事
长江以北大部分地区		大豆农闲期
江南、华南	部分地区播种出苗期	春毛豆保护地播种；用好基肥，争取苗全、苗匀、苗壮
西南	春大豆备种	选择高产优质多抗性品种，整理茬地，减少土传病害

表21　棉花

地区	生长状况	主要农事
西北		解冻后耙耱整地保墒
黄淮海	备种	整地施肥；种子处理
长江中下游		棉田与苗床准备，整地施肥；晒种浸种

（二）果蔬茶

农谚说，"过罢惊蛰节，果木发新叶"。惊蛰前后各地天气开始转暖，土壤处于冻融交替的状态，水分相对充足，利于树种存活，是植树造林的大好时节。果树、蔬菜和茶叶都需要做好田间水分管理并施肥。

果树　西北地区果树已进入萌动期，在土壤化冻前果园内深刨树盘，刮治腐烂病，追肥，春浇，幼树修剪。旺枝刻芽，虚旺枝分道环割，细小虚旺枝抑顶促萌，较长的可隔4～5芽转枝。花芽过多或长势较弱的树，追施生物菌肥，土壤干旱时可于萌芽前浅浇一次。需调整密度的苹果、梨、桃等乔化果园要起苗移栽定植。遇倒春寒时，要通过灌水降温、喷施防冻剂和微量元素肥料或霜冻发生前熏烟等措施预防晚霜。**黄淮海地区**果树注意春灌，保墒提温，追施催芽肥，刮树皮，防治腐烂病及其他病虫害，喷石硫合剂，新园补株、换株，摘除虫芽、病芽，树盘覆膜。**江南、华南地区**大棚西瓜、甜瓜定植，浇足定根水后，栽植穴用细土封严，保持不透风不透气。高接换种，靠接换砧。**华南地区**各种果树如桃、梨、苹果等要施好花前肥。

蔬菜　东北地区番茄和青椒要及时浸种、铺温床育苗。**西北地区**露地菜田春耕，播种大蒜、菠菜等耐寒蔬菜。"种蒜不出九，出九长独头"，就是说大蒜最迟在数九天的最后一九即"九九"前种植，入伏前收获。如果播种迟了就会长成独头蒜，也长不出蒜薹。**黄淮海地区露地大蒜、洋葱、菠菜等**要清除杂草，结合中耕培土、浇返青水等追施返青肥。大棚蔬菜要整地、做垄、铺膜，及时定植、浇水、保温促缓苗，温室栽培需通风、光照，及时采收，追肥以防止秧苗早衰，延长采收期。

茶 江淮、江南、华南地区茶树也渐渐开始萌动，俗话说"明前采一筐，谷雨值一担"。应适当修剪，并及时追施"催芽肥"，促其多分枝发叶，提高"明前茶"的产量。要因地制宜，掌握好开采期，当茶树蓬面每平方米有10～15个茶芽符合鲜叶质量要求时，即可开园采茶。采摘过程中要按标准，及时、分批、勤采，能采就采，应采尽采，多采嫩茶，生产适销对路的名优茶，尽可能发挥春茶的经济效益。密切注意天气预报，根据具体情况，通过采取覆盖、喷灌水、熏烟等措施严防倒春寒。春季新茶园开始种植，为防止茶苗水分蒸发，起苗时要尽量多带土少伤根，栽植时对茶苗进行适度修剪，保留4～5片叶，根系蘸黄泥浆，扶正茶苗、填细土，分层压紧根际土壤，浇足定根水。

（三）畜鱼蚕

农谚说，"家禽孵化黄金季，牲畜普遍来配种。天暖花开温升高，畜禽打针防疫病。"惊蛰时节天气回暖，要着重做好畜禽的驱虫和防疫工作。

惊蛰过后，畜禽易感染寄生虫病。在畜牧生产中，养殖户要着重做好畜禽的体内外驱虫工作，对养殖场的环境、设施和用具进行彻底的清洁消毒；对已经确诊感染的病畜及时进行隔离和驱虫治疗，及时清理驱虫后的畜禽粪便，并进行无害化处理，防止交叉感染。因为，此时寄生虫及其虫卵的生命力相对脆弱，是开展预防工作的最佳时机，有助于遏制畜禽寄生虫病的大规模暴发。

随着气温水温回升，鱼类摄食活动开始增多，可适量增加饲料，同时加强饲养和水质管理，控制鱼池鱼种密度。惊蛰后，水生病原微生物容易繁殖，尤其要注意防止鲤鱼、草鱼、鲢鱼和鳙鱼易患车轮虫、指环虫等寄生虫病，以及水霉病、赤皮病等皮肤疾病。

根据天气和气温情况，各地开始统一组织桑蚕的春蚕催青工作，在蚕卵发育至点青期前，将蚕卵配送到蚕农手中。蚕农需对配送的蚕卵做升温补湿的补催青处理，要将蚕卵保持在21℃过夜，按每小时增加0.5～1.0℃的速度逐渐升高温度，直至25℃为止。补催青期间，还要注意通风换气，尤其注意防范煤或炭燃烧过程中产生的二氧化碳、一氧化碳等气体会对蚕卵造成危害。在广西，惊蛰时节第一批春蚕已经开始饲养。

二、农村民俗

"一声霹雳醒蛇虫，几阵潇潇染紫红。九九江南风送暖，融融翠野启春耕。"惊蛰时节，万物启蛰，草木开始萌芽，人们开始为春耕春种做好各种准备，蛰伏在地下的虫子开始复苏，因此也产生了相应的习俗。

驱虫　民间有很多习俗都与驱虫有关。山东讲究在庭院中生火炉烙煎饼，意为熏虫；陕西要吃炒豆；广西金秀县瑶族家家户户要吃"炒虫"（玉米），这些民俗都有提示人们驱虫灭虫的意思；许多地方都有惊蛰吃梨的习俗，寓意与虫分离，同时取梨滋阴清热之功效；张家口地区则有喝败毒汤的民间保健养生传统。

喊山　为了唤醒茶山，福建等地茶农有喊山的习俗，以此祈盼风调雨顺，茶事顺利。

图10　北苑喊山活动（魏永青　摄）

芒蒿节　广西融水苗族自治县安陲乡江门苗寨会在惊蛰期间举办传统的"芒蒿节"。节日当天有苗家拦门酒、打"同年"过苗年、汉苗文化大碰撞、打糍粑送糍粑收祝福、"芒蒿送福"闹新春、苗家特色长桌宴、篝火晚会闹新春等活动，各民族人民因节日相聚在一起，展示出强烈的文化认同感、凝聚力。

图11　芒蒿节（龙林智　摄）

三、田园景观

"红入桃花嫩，青归柳叶新。"春季，是雅鲁藏布江、尼洋河、帕隆藏布江、然乌湖江水最绿、雪山最净的季节。惊蛰之日，闹春之始，西藏林芝市已处处是花的海洋。这里的野桃树已经在高原的阳光和丰沛的雨水中生长了300年以上。蓝天之下，碧水之畔，雪峰脚下，粉红色的桃花星罗棋布，从波密一路绽放到南迦巴瓦峰下，置身其中，如入仙境。

农谚云："惊蛰过，茶脱壳。"惊蛰春风起，茶香满山野。武夷岩茶也从沉睡中苏醒。"春茶又绿武夷傍，比翼归鸣燕子窠。"燕子窠是武夷山九十九岩之一，过去与其他茶山无异，近年来在"生态茶园试验"中构建了"夏种大豆、冬种油菜"的间作绿色栽培模式。这种"有机肥＋绿肥"的轮作模式不仅提高了茶叶的产量，还丰富了茶叶的质感，茶叶口感更甜、更香，茶水耐泡度更高。

图12　波密桃花沟的桃花（彭寰　摄）

图13　武夷山星村镇燕子窠绿色生态茶园（王东明　摄）

最是一年春好处　十里芳菲入梦来

春分，二十四节气中的第四个节气，通常在每年3月19日至22日，太阳到达黄经0°进入春分节气。春分意味着昼夜等长，谚语云"春分秋分，昼夜平分"。中国大部分地区气候温和、雨水充沛、阳光明媚，北方越冬作物进入快速生长阶段，南方早稻迎来播种时期。春分分三候：一候元鸟至，燕子从南方飞回北方；二候雷乃发声，雨水渐多、春雷初响；三候始电，降雨天气开始伴有闪电。

一、农业生产

（一）粮棉油

农谚说，"春分麦起身，肥水要紧跟"。从春分开始，除青藏高原、东北、西北和黄淮海北部地区外，大部分地区都已是春暖花开，莺飞草长，小麦起身拔节，油菜花香，大部分地区进入春耕春管大忙季节。

东北地区大豆玉米田提前清除田间秸秆杂物，松、翻、耙、旋、压相结合平整田地，施底肥。**西北地区**冬小麦要镇压保墒或耙耢，及早防治病虫草害；准备播种棉花的田地，要耕翻土壤，施足底肥。**黄淮海地区**南部冬小麦施拔节肥；及时翻整棚内苗床、培肥床土，为育棉花苗做准备。**江淮地区**冬小麦施拔节孕穗肥，防治病害。**江南、华南地区**视温度播种早稻；大豆播种出苗后，要保持苗全、苗匀、苗壮。**西南地区**油菜处于角果期，要保护"厢沟、腰沟、围沟"三沟畅通，养根护叶。旱区、土壤贫瘠区要浇水追肥，保花保粒。

表22　小麦

地区	生长状况	主要农事
东北、西北（部分地区）	春小麦备种	备耕备种，农机维护
西北（大部分地区）	返青起身	防治病虫害，灌水追肥、镇压划锄，促弱控旺
黄淮海	起身拔节	追肥浇水，防治病虫害，调控群体，促根壮蘖
江淮	拔节孕穗	防病虫害，倒春寒冻害补救；拔节后由南向北施拔节肥以合理促控、稳穗增粒
江南、华南	孕穗期	清沟排渍、防治病虫害，适时追施孕穗肥以稳穗增粒
西南	抽穗扬花期	养根护叶，供水肥以保花增粒；防治病虫害、冻害

表23　水稻

地区	生长状况	主要农事
东北、黄淮海、西北、江淮		水稻农闲期
江南、华南	早稻播种期，华南部分地区开始移栽	施足基肥，保温育秧，培育壮苗，1叶1心期多效唑化控，早施断奶肥
西南	始播期	备好机械，种子处理，浸种催芽，均匀播种

表24　玉米

地区	生长状况	主要农事
东北、西北、黄淮海		玉米农闲期
江淮	春玉米备种	备种子化肥，整地配套沟渠
江南、华南	冬玉米成熟收获期，春玉米播种期	育苗移栽，保苗壮苗，合理密植，防治病虫害
西南	春玉米播种出苗	施足基肥，高质量播种，争取苗齐、全、匀、壮；防旱防涝，部分地区播种育苗

表25　油菜

地区	生长状况	主要农事
西北	西北南部冬油菜花期	防渍防病，协调群体，防花而不实、早衰
黄淮海、江淮	开花期	弱苗追施花肥，护叶护花，防治病虫害
江南、中南	花期	防渍防病，施叶面肥，防花而不实、防早衰
西南	角果期	保持"厢沟、腰沟、围沟"三沟畅通，养根护叶，保花保粒，防治虫害、鸟害

表26 马铃薯、甘薯

地区	生长状况	主要农事
东北（甘薯）	播种育苗	培育壮苗，看苗追肥，除草
西北（马铃薯）	春薯开始播种，冬薯膨大至积累期	防冻防旱、肥水促长
黄淮海（甘薯）	育苗期	床温和水分管理，用温床苗繁苗以保证培育健康种苗
长江中下游（甘薯）	出苗前期	高温催芽，平温长苗
江南、华南（马铃薯）	冬薯成熟收获期，春薯膨大期	冬薯排水防渍，及时收获；春薯追肥；防治病虫害
华南（甘薯）	晚秋薯收获期，北部冬薯薯蔓并长，南部夏薯育苗期	晚秋薯及时收获；冬薯防治病虫草害；夏薯排种，防病虫草害
西南、西北南部（马铃薯）	春薯播种出苗期，冬薯膨大积累期	春薯齐苗时中耕培土，清沟除草，追提苗肥，浇水等

表27 大豆

地区	生长状况	主要农事
长江以北大部分地区	大豆农闲期	
江南、华南	播种出苗期	用好基肥；调节好大棚温度，争取苗全、苗匀、苗壮
西南	春大豆备种	选择高产优质多抗品种，选择正茬地，减少土传病害

表28 棉花

地区	生长状况	主要农事
西北		土地准备，未冬灌的浇水保墒，施肥除草
黄淮海	备种	棚内保温，浇足底墒水，播种培育壮苗
长江中下游		配营养土；苗床化学除草；清沟排水

（二）果蔬茶

农谚说，"春分至，把树接；园树佬，没空歇"。春分时期，北方春季少雨的地区要抓紧做好果树、蔬菜春灌和施肥，注意防御晚霜冻害。南方常会出现持续低温并伴有连绵阴雨，要搞好果、蔬、茶的排涝防渍工作。

果树　西北地区果树由南到北逐渐进入花期。果树开始萌芽，要做好花前复剪、刻芽拉枝、巧施追肥、灌水覆膜、防治病虫害等工作。对没有秋栽建园的，在3月下旬至4月上旬及时按标准化模式春栽建园。**江南、华南地区**大棚西瓜、甜瓜双蔓要整枝并打顶，露地栽培要注意苗床管理。**江淮、江南、华南地区**柑橘处于花芽分化、春梢抽生期，要做好施肥、松土、修剪、清沟抬田、清理边荒等田间管理，以及果树苗木的间移、间伐、剪砧解绑和高接换种等工作。

蔬菜　东北、西北地区秋冬季播种的大蒜，需结合浇水灌药，防治地蛆兼治蒜螨。露地菜田开始春耕、春种，拱棚茄果蔬菜要定植。通过提前浇水、喷叶面肥、熏烟和保暖等措施防止设施蔬菜受到寒潮和晚霜冻的危害。**黄淮海地区**春大棚蔬菜逐步进入快速生长期，日光温室蔬菜及时采收上市，加强光、温、水、气、肥的管理，提高种植效益。**江淮地区**大棚蔬菜整地、做垄、铺膜；及时定植、浇水、保温促缓苗；温室栽培的蔬菜要做好通风、光照，及时采收，及时追肥延长采收期。

茶　江淮、江南、华南地区春茶已开始抽芽，应及时追施速效肥，防治病虫害，力争茶叶丰产优质。因地制宜，按照标准，掌握好采收最佳时机，及时、分批采摘茶叶，做到能采就采，应采尽采，多采嫩茶。密切注意天气预报，严防"倒春寒"。根据具体情况，在灾害发生前采取覆盖、喷灌水、熏烟等措施进行防护。幼龄茶树枝条稀疏，地面覆盖率低，杂草容易生长，应利用雨后初晴天气及时清除杂草。

（三）畜鱼蚕

农谚说，"春分天暖花渐开，牲畜配种莫懈怠"。春分节气，根据动物发情繁殖周期，做好牲畜配种，密切关注鱼类养殖环境和防病，准备蚕卵孵化和幼蚕的饲喂。

春分前后，家畜逐渐进入发情期，养殖户要定期观察母畜的发情状态，及时配种，以免错过当年秋羔、秋犊的繁育机会。前一年秋冬配种的母畜已步入产羔期，牧民忙于接春羔、接春犊。民间有"春死，夏活，秋肥，冬瘦"的说法，反映了季节变换对牲畜生长的重要影响。春季气候多变，青黄不接，牲畜瘦弱，此时的母畜多处于妊娠后期，易发生早产、流产、难产；新生仔畜也会因母体羸弱，得不到足够的营养供给而容易死亡。因此，对于妊娠期和哺乳期的母畜，确保供给充足的饲草料且营养均衡，注意补充矿物质、维生素等营养物质。

春分鱼种投放工作基本接近尾声，鱼类开始恢复正常活动和摄食，需勤巡塘、换水，做好饲料防潮。若遇寒潮，应采取减饲保温措施。当水温达到15~20℃时，鱼类食欲增强，要适量增加饲料，适当排水和加注新水，减少养殖池中有害物质，检测水质变化，做好鱼类疫病防控，并在饲料中添加维生素、微生物制剂等免疫增强剂，以增强鱼类体质、提高免疫力。

图14　春分前后是春羔生产的高峰期，牧民忙于接羔保育（邢景平　摄）

春分前后，要做好桑蚕卵孵化和蚕蚁饲喂等工作，蚕蚁就是刚孵化出的幼蚕。春蚕对温湿度的要求较高，可以通过喷水、开窗通风等方式进行调节。养蚕之前要做好养殖环境和蚕舍的定期消毒和清洁，为了避免病虫害的传播，还要将不同批次的蚕种和蚕室进行隔离，避免蚕室之间的交叉污染。

二、农村民俗

"日月阳阴两均天，玄鸟不辞桃花寒。从来今日竖鸡子，川上良人放纸鸢。"春分，是古人最为看重的节气之一，有着丰富的农俗。

春分会　民间会举办"春分会"以交流备耕物资，至今四川成都、陕西凤翔等地仍保留着这一习俗。

赶分社 湖南安仁地区的农民在这一天祭祀神农，进行谷种、耕牛、犁耙等农资工具和中草药材交易，形成了古老独特的"赶分社"习俗。

图15 安仁赶分社（何炳文 摄）

酿春酒 春分还是北方酿酒佳期，"春分日，酿酒拌醋，移花接木"，山西陵川有春分日酿酒，并以酒、醋祭祀先农的传统，以祈求富足丰收。

诺鲁孜节 是新疆地区少数民族的传统节日，该节日通常在3月19日至21日庆祝。

图16 诺鲁孜节（张建刚 摄）

三、田园景观

杏树是一种适应能力极强的植物，其根系深植，既耐旱又抗风。新疆的杏花主要分布在吐鲁番周边、伊犁河谷和帕米尔高原一带，形成"三足鼎立"之势。春分时节，杏花开始竞相开放，既有蔓延在河谷的粉白交映、柔美空灵的杏花带，也有3万亩千年原始野杏的粉白色海洋。无论是处于帕米尔高原和伊犁河谷的严寒，还是吐鲁番的酷暑，无论海拔高低、土壤酸碱，新疆的杏花都能绚丽绽放。

图17　新疆吐尔根乡杏花沟野杏花开放（杨风胜　摄）

二十四节气农事手册

万物生长此时　皆清洁而明净

清明，二十四节气中的第五个节气，通常在每年4月4日至6日，太阳到达黄经15°进入清明节气。清明意味着气清景明、万物皆显。农谚云"清明一到，农夫起跳"，从大江南北至长城内外，到处是繁忙的春种景象。清明分三候：一候桐始华，白桐花绽放；二候田鼠化为鴽，喜阴的田鼠躲到洞里，鹌鹑之类的候鸟迁飞过来；三候虹始见，雨后天空清净透彻，可见到彩虹。

一、农业生产

（一）粮棉油

农谚说，"清明前后，种瓜点豆"。清明节的到来，黄河流域早春时节乍暖还寒的现象基本结束，全国大部分地区阳光明媚，惠风和畅，杨柳垂丝，绿草如茵，是春耕春管的大好时节。

东北地区局部开始播种春小麦和水稻。**西北地区**冬小麦处于起身期，应根据苗情追肥灌水，镇压保墒，化学除草；冬播马铃薯处于成熟收获期，应预防干旱和低温冻害，及时收获冬薯。**黄淮海地区**冬小麦处于拔节至孕穗期，要注意灌水追肥，防治病害；油菜开始开花，要保持三沟通畅，弱苗追施花肥。**江淮地区**冬小麦由南向北依次进入孕穗、抽穗、开花期，要适当施孕穗肥，防治病虫害；冬油菜初花至盛花期，应注意追施花肥。**江南、华南地区**早稻处于幼苗期，稻田施足基肥，犁耙耕整，部分开始移栽，促苗早返青；南方清明时节雨水增多，春玉米正处于出苗期，应防倒春寒和阴雨寡照；早播大豆已经出苗，要培育壮苗。**西南地区**油菜已经成熟，要及时收获，菜籽要及时干燥并安全贮藏；秋冬播马铃薯进入成熟期，应及时收获并安全贮藏。

表29　小麦

地区	生长状况	主要农事
东北、西部（部分地区）	局部开始播种	种子包衣或药剂拌种，适时播种保全苗，合理密植
西北（大部分地区）	起身期	划锄镇压，促控结合
黄淮海	拔节至孕穗期	追肥浇水，防治病虫害
江淮	孕穗至开花期	视情况施孕穗肥、穗肥，以培育壮秆大穗，保花增粒
江南、华南	抽穗、开花期	防治病虫害，清沟排渍，养护根叶，保花保粒
西南	开花、灌浆期	防治病虫害，预防倒伏

表 30 水稻

地区	生长状况	主要农事
东北局部、黄淮海	播种育秧期	施足基肥,浸种催芽,均匀播种,控温控湿育苗
西南	播种移栽	稀播匀播,适当灌水
西北、江淮	备种	备耕备种,因地选种,修整渠系
江南、华南	早稻幼苗期,部分移栽期;华南局部进入分蘖期	大田施足基肥,秧苗施好送嫁肥,浅水插秧保证早返青、壮苗

表 31 玉米

地区	生长状况	主要农事
东北、西北	备种期	视情况整地施肥,春耕备种
江淮	播种期	提高播种质量,合理密植
黄淮海		玉米农闲期
江南、华南	春玉米出苗期	保水防涝,防治病虫害,壮苗壮秆
西南	春玉米播种出苗期	抢墒播种,防除杂草,保水保肥,培育壮苗

表 32 油菜

地区	生长状况	主要农事
西北	春油菜播种期,南部冬油菜角果期	适时播种,冬油菜喷施叶面肥,保果增粒
黄淮海、江淮	开花期	防渍护根,保花促结实
江南、中南	角果期	保持"厢沟、腰沟、围沟"三沟畅通,喷施叶面肥,防高温早熟,保果增粒
西南	成熟期	及时收获,确保菜籽质量

表33 马铃薯

地区	生长状况	主要农事
东北（甘薯）	栽插返青期	施基肥，防旱，促苗早返青，提高成活率
西北（马铃薯）	春薯发芽期，冬薯成熟收获期	适期播种，防干旱和低温冻害，及时收获冬薯
黄淮海（甘薯）	育苗期、春薯栽插期	通风炼苗，移栽保苗、促苗早发，剪苗后追肥浇水
长江中下游（甘薯）	育苗期	防治病虫害，剔除病苗，培育壮苗
江南、华南（马铃薯）	春薯结薯成熟期	培土除草、叶面追肥，防倒春寒
华南（甘薯）	北部冬薯薯蔓并长，南部夏薯种苗扩繁	清沟排渍，追肥，防治病虫草害，冬薯促根促叶，夏薯培育壮苗
西南（马铃薯）	春薯发芽期至结薯期，冬薯成熟收获期	防寒防旱，防病虫害，春薯现蕾时清沟培土，中耕除草

表34 大豆

地区	生长状况	主要农事
东北、西北	备种	选择高产优质品种；选用正茬地，减少病害
黄淮海、江淮	春大豆播种期	匀播，及时灌水
江南、华南	苗期	施用复合肥，培育壮苗
西南	播种期	适时播种，施好基肥促苗早、苗壮

表35 棉花

地区	生长状况	主要农事
西北、黄淮海	播种出苗期	铺地膜和滴灌管；晒种浸种，防旱防冻，适时齐苗
长江中下游	播种出苗期	抢晴播种、适时齐苗

（二）果蔬茶

"清明雨，损百果。"清明时节，天气晴朗，多种果树进入花期，要注意搞好人工辅助授粉，提高坐果率。但天气仍时有寒潮反复，忽冷忽热，应注意防御低温和晚霜对蔬菜和茶园的冻害，防范连日阴雨对开花果树授粉的影响。

果树　西北地区果树树液流动加快，树体开始生长，花序分离，开花，坐果，春梢开始生长。苹果树开始人工授粉，疏花疏果，行间种草，进行防冻和病虫防控，采取措施减少倒春寒对中部花期果树造成的影响。**江南、华南、江淮地区**柑橘处于春梢抽生期和现蕾期，果园要种植绿肥，喷施叶面肥，防治柑橘红黄蜘蛛、疮痂病、粉虱、恶性叶甲、花蕾蛆等病虫害。

蔬菜　西北地区秋冬播大蒜，在清明浇水后2～3天，喷1次杀菌剂防治白腐病。**黄淮海地区**大蒜、洋葱田块，要及早摘除花薹，适时浇水施肥；蒜薹、蒜头兼收田块，在蒜薹"显尾"后浇水追肥，"甩弯"时适期拔薹；防治大蒜枯叶病、锈病、洋葱霜霉病和紫斑病等。**江淮地区**注意瓜豆类蔬菜的育苗定植以及大棚蔬菜的管理和采收。

茶　"明前茶，两片芽"，**江淮、江南、华南地区**茶树新芽生长正旺，要注意防治病虫。按照标准及时、分批采摘嫩茶，能采就采，应采尽采。春茶采摘后要进行重修剪和深修剪，除草松土，追施氮肥。

（三）畜鱼蚕

农谚说，"清明草，羊吃饱"。清明时节，牧草返青、鱼儿产卵、蚕卵孵化。

全国大部分地区的牧草进入返青期。牧民逐渐将牲畜的饲养方式由舍饲转为放牧，让羊群在草场上自由采食嫩草。然而，经过一个冬季的饥饿，羊群容易因过度采食青草易引发消化代谢障碍综合征，俗称"青草瘟"。此时，牧民应采取"牧舍结合"的饲养方式，合理搭配精料和干草，严防因"干换青"太急而引发的消化道疾病。

鲤鱼、鲫鱼等开始迎来产卵期，应注意增加亲鱼蛋白质饲料的补给，同时消毒清理鱼巢，以备亲鱼产卵受精。受精鱼卵要迅速转移至孵化池内，防止成鱼吞食。要根据天气和水温，选择性开启增氧机，增加水体中氧气含量，做好水质和疾病监测工作。海水繁殖淡水生长的洄游性鱼类的鱼苗会溯江进入各水域摄食，此时正是到捕捞洄游鱼苗的时节。

图18　羊吃清明草（毛虹　摄）

"清明日暖种"。此时，全国大部分桑蚕养殖区气温均达到蚕卵孵化温度。当环境温度达到20℃以上时，蚕卵开始发育，孵出蚕蚁，蚕蚁出壳后约40分钟即可采食桑叶，要准备新鲜的嫩叶供蚕蚁食用。

二、农村民俗

"梨花风起正清明，游子寻春半出城。日暮笙歌收拾去，万株杨柳属流莺。"清明在历史发展过程中，吸纳融合了寒食节、上巳节等节日元素，具有节气和节日双重身份，以及丰富的文化内涵。清明在农业生产上也是重要的时间节点，农事习俗也丰富多彩。

图19　清明踏青（魏琦原　摄）

放水节　四川省都江堰在这一天会举行盛大的放水大典，用以祈求五谷丰登、国泰民安。

蚕花会　在杭嘉湖地区，人们会举行祭蚕神、蚕花庙会等活动，如含山轧蚕花、扫蚕花地、双庙渚蚕花水会等，以此祈祷蚕桑丰收。

图20　蚕花会（谢尚国　摄）

　　清明前后正值河南兰考一年一度的桐花节，大街小巷桐花盛开，或紫色或白色，绽放着浩浩荡荡的美丽，装扮着本就隆重的春天。当年，作为县委书记的焦裕禄，带领兰考人民植下的大片泡桐林，覆盖了曾经的飞沙地、老洼窝、盐碱滩，泡桐也因此成为长在百姓心底的树，被称为"焦桐"。历经风沙与岁月的洗礼，兰考泡桐已是林茂叶密。这些寄托着人民与恶劣环境抗争的泡桐树，今天已被发掘制成琴瑟琵琶，畅销全国，助力兰考成为"中国民族乐器之乡"。

图21　兰考桐花盛开（史家民　摄）

　　清明时节，甘肃兰州什川古梨园里千树万树的梨花也已经盛开，两岸梨花像黄河上镶嵌的两道雪白的花边。那些掩映在梨树林中的房舍、村落，在梨花的映衬下与蓝天白云相映，形成了一幅完美的丹青水墨画卷。什川镇地处甘肃东南部，被黄河紧揽在臂弯，孕育出这历经500年时光的"世界第一古梨园"，面积近万亩，百年以上古梨树近万株，是全球罕见的"活植物标本"和难得的"梨园博物馆"。在什川镇，家家爱梨、种梨、食梨、以梨为生，传承已久的古法种植技艺成为古梨园的独特"生态密码"。这里盛产的软儿梨和冬果梨是全国地理标志农产品，畅销国内外，每年都举行"梨韵什川"梨花会，让梨文化成为养育一方土地的独特资源。

图22　什川古梨园梨花盛开（九美旦增　摄）

农事蛙声里　深春草色中

谷雨，二十四节气中的第六个节气，通常在每年4月19日至21日，太阳到达黄经30°进入谷雨节气。谷雨意味着雨生百谷、滋润万物，平均降水量及增幅达到春季最大，明代农书《群芳谱》载："谷雨，谷得雨而生也"。谷雨分三候：一候萍始生，雨落池塘，浮萍生长，萍水始相逢；二候鸣鸠拂其羽，布谷鸟振翅飞翔，鸣叫催耕；三候戴胜降于桑，戴胜鸟落在桑树枝头，家蚕出蚁，正是蚕农忙碌之时。

一、农业生产

（一）粮棉油

农谚说，"谷雨前后一场雨，胜似秀才中了举"。谷雨已是暮春时节，正值春夏之交，气温迅速回升，雨水增多。雨生百谷。

谷雨前后，**东北地区**播种春小麦，需视土壤肥沃程度施足底肥，均匀播种保全苗；5厘米地温稳定在10～12℃时开始播种玉米。**西北地区**北部冬小麦进入拔节期，南部多处于拔节至孕穗期，保证肥水充足；马铃薯春播晚熟品种仍可播种，已出苗的早中熟品种应及时查苗补苗。**黄淮海地区**露地直播棉如遇干旱要镇压提墒，遇雨水破除板结，地膜直播棉子叶由黄变绿时趁晴天开孔放苗。**江淮地区**小麦正处于抽穗、开花期，可叶面追肥；玉米正处于播种出苗期，合理密植，除草追肥。**江南、华南地区**早熟油菜角果变黄籽粒变黑时用机械收获。**西南地区**小麦已经进入灌浆期，病虫防治的同时预防倒伏；春大豆要注意中耕除草。

表36　小麦

地区	生长状况	主要农事
东北、西北（部分地区）	播种期	适时播种保全苗，播后及时镇压
西北（大部分地区）、黄淮海	春小麦播种，冬小麦拔节、孕穗期	适时播种保全苗，防治病虫害、晚霜冻及干旱等
江淮	抽穗、开花期	培育壮秆大穗，保花增粒；防治白粉病、赤霉病及蚜虫等
江南、华南	开花、灌浆期	防治病虫害，清沟防渍害，养根护叶，保花保粒
西南	灌浆期	防治赤霉病、虫害，预防倒伏

表37　水稻

地区	生长状况	主要农事
东北	播种秧苗期	培育壮秧，防治病虫害

地区	生长状况	主要农事
西北、江淮	因地选种，播种	备耕备种，翻耕灭茬整地，购置农资
黄淮海	播种期	施足基肥，稀播匀播
西南	移栽期	培育壮秧；保温保湿，防治病虫害
江南、华南	早稻移栽分蘖期	移栽后施分蘖肥，防治病虫害保证早分蘖、稳发棵、适时移苗

表38　玉米

地区	生长状况	主要农事
东北	备播、播种期	5厘米地温稳定通过10～20℃时开始播种
西北	春玉米播种出苗期	整地施肥，适墒播种，播后及时封闭除草，防治病虫害
黄淮海		玉米农闲期
江淮	出苗期	防治苗期冷害，防治苗期虫害以培育壮苗
江南、华南	春玉米拔节期	拔节期适当浇水壮苗壮秆；防病治虫除草，防倒春寒及阴雨寡照
西南	春玉米苗期至拔节期	小喇叭口期追施穗肥，适时浇水，壮苗壮秆

表39　油菜

地区	生长状况	主要农事
西北	春油菜播种期，冬油菜角果期	春油菜播后镇压，保墒促苗全苗齐，冬油菜促果增粒，防早衰，防鸟害
黄淮海、江淮	开花期至角果期	抗旱保花促结实，防治病虫害
江南、中南	角果期	保果增粒，促高产稳产；防早衰，防鸟害
西南	收获期	收获籽粒及时干燥，安全储藏

表40　马铃薯、甘薯

地区	生长状况	主要农事
东北（甘薯）	栽插返青期	防旱，中耕除草，查苗补缺
西北（马铃薯）	春薯播种期，冬薯成熟收获期	防持续低温干旱，低温冻害，冬薯收获
黄淮海（甘薯）	春薯栽插期	栽插采苗圃繁苗；整地施肥，培育壮苗；起垄、覆膜栽插
长江中下游（甘薯）	育苗期	防治病虫害，及时揭膜育壮苗；采苗扩繁，及时追肥
江南、华南（马铃薯）	春薯成熟收获期	排水防渍、及时收获
华南（甘薯）	北部冬薯薯蔓并长，南部夏薯种苗扩繁	冬薯促根促叶及时收获，夏薯适时栽种
西南（马铃薯）	春薯结薯期，冬薯收获期	冬薯收获，春薯防控牲畜和早晚疫病

表41　大豆

地区	生长状况	主要农事
东北、西北	备种	及时准备播种材料，检验种子质量，选无病田块
黄淮海、江淮	春大豆播种、出苗期	匀播，及时灌水；防病虫害
江南、华南	分枝期	用好基肥，争取全苗壮苗
西南	出苗期	合理水肥，培育壮苗

表42　棉花

地区	生长状况	主要农事
西北	出苗期	防旱防冻，适时齐苗；防治地下害虫
黄淮海	出苗期或移栽期	棉苗2～3片叶时移栽；查苗补种，防治地下害虫
长江中下游	苗期	化学防治苗病；盖膜保温防淋；子叶展平喷洒缩节胺以培育壮苗

（二）果蔬茶

"谷雨落纷纷，润物细无声。"谷雨节气的到来意味着寒潮天气基本结束，气温回升加快，降雨增多。北方要加强对果树、蔬菜和茶叶锄地保墒，南方要做好田间排水。

果树 东北地区葡萄疏除着生部位不当的芽、弱小芽、过密芽，使萌枝健壮、疏密与位置适当。绑新梢，摘卷须，使枝条分布合理，疏除小花穗和副穗。**西北地区**果园加强花期管理，疏蕾疏花、花期授粉、花期喷肥，提高坐果率。**江南、华南地区**柑橘处于现蕾、开花期，注意保花疏花，合理间作以及防治病虫害。

蔬菜 东北地区蔬菜加强温床管理和湿度调节，青椒床内分苗，黄瓜、甜菜、食用向日葵、人参等浸种催芽播种。**西北地区**露地茄果类蔬菜陆续移栽定植于大田，露地黄瓜、豇豆、菜豆地膜覆盖直播。**黄淮海地区**大蒜早熟品种"甩弯"时及时采薹，采薹后及时浇水，促进蒜头生长。

茶 江淮、江南、华南地区春茶的第一批采摘陆续进入尾声，但还要继续做好采收，能采则采，提高下树率。要及时进行修剪，及时追肥，提高二春茶的产量。加强对新茶园的管理，及时除草和施肥。做好苗圃地清沟排水，移除地膜和遮阴网，小心清除杂草和适当炼苗，提高茶苗成活率。

（三）畜鱼蚕

"羊盼清明，牛盼谷雨"。谷雨时节，草食家畜开始大量采食青嫩牧草，要注意饲料"干换青"的速度和比例。鱼类也处于摄食旺盛时期，要做好饲料的投喂、水质控制和鱼病防控工作。此时也是桑蚕和柞蚕加强饲养管理的关键时段。

谷雨时节，牛羊易患瘤胃积食、瘤胃鼓胀等消化道疾病，多因贪食柔嫩多汁、被露水雨水打湿的青草所致。因此要适当缩短放牧时间，特别是避免在幼嫩或潮湿牧场上长时间放牧，以保障家畜健康。

鱼类开始正常进食。历经数月摄食甚微的鱼类，正处于虚弱和应激状态，要做好鱼类的恢复与提壮工作，可投喂维生素、微生物制剂等免疫增强剂。在饲喂过程中要控制喂食量，保持水体的清洁和健康。对于水体富营养化现象，可适当补充微生物制剂，配合增氧以促进有益微生物快速繁殖，抑制有害微生物的生长。气温高的地区要尽量避免白鲢、花鲢的长途运输，以免造成死亡。

"谷雨三朝蚕白头。"桑蚕事活动与桑树的生长周期密不可分，此时桑叶逐渐茂盛，可为刚孵化的蚕蚁提供嫩叶，且谷雨节气温度适宜，湿度较高，是一年中最适宜养蚕的时间段。谷雨后，柞蚕的春季养殖工作陆续开始。蚕农通过人工加温补湿等暖茧方式，促使以蛹越冬的柞蚕逐渐发育，羽化成蛾。积温依品种和加温方法各有不同，早熟品种要比晚熟品种积温少，加温起点温度高则积温多，反之则少。

图23　在谷雨节气体验饲养蚕蚁（陈海伟　摄）

二、农村民俗

"谷雨秧芽动，楝风花信来。"谷雨时节，人们依依惜别花信，迎来了苗壮成长的新苗，对应不同的农事产生了诸多习俗。

祭祀仓　　昔者仓颉作书，而天雨粟，鬼夜哭。为感念仓颉造字之功，陕西白水地区会在谷雨这天举行盛大的祭祀仓颉活动。

采制谷雨茶 "谷雨收寒，茶烟飏晓"。谷雨时节有喝雨前茶的习俗，湖南益阳桃江、安化一带村民在谷雨这天采摘鲜茶叶炒制，加上芝麻、炒绿豆、花生仁制作成擂茶，这就是当地的"谷雨茶"。

谷雨祭海 俗话说"骑着谷雨上网场"，谷雨时节还是下海捕鱼的好时机。为了能够出海平安、满载而归，山东荣成等地渔民这天要举行海祭，祈祷海神保佑。

侗族谷雨节 贵州肇兴侗寨在这一天要过谷雨节，人们在这一天有吃乌米、打花脸、播稻种，是侗寨农耕文化与婚恋习俗的双重寓意表达。

图24 谷雨祭祀仓颉（牛书培 摄）

图25 谷雨祭海（李信君 摄）

三、田园景观

　　"谷雨三朝看牡丹"。牡丹被称为"花中之王"，谷雨赏牡丹的传统已绵延上千年，因此牡丹花也被称为"谷雨花"。洛阳牡丹"栽培始于隋代，鼎盛于唐，宋时甲于天下。"谷雨节气的洛阳，正值牡丹花盛开的季节，一年一度的中国洛阳牡丹文化节如约而至。洛阳的牡丹花品种繁多，花色奇绝，有的婀娜曼妙，有的端庄秀雅，有的仪态大方。一朵朵，花瓣重叠，一片片，色彩斑斓，铺展开去，处处都是美不胜收的醉人画卷。

图26　洛阳王城公园牡丹盛开（司向东　摄）

陇亩日长蒸翠麦　园林雨过熟黄梅

立夏，二十四节气中的第七个节气，通常在每年5月5日至7日，太阳到达黄经45°进入立夏节气。《月令七十二候集解》中说，"立，建始也。夏，假也，物至此时皆假大也。"意思是说植物在此时已直立长大了。立夏意味着春季结束，夏季开始，降雨量和降水频率都会增加，农作物和田间杂草都进入快速生长阶段，需加强田间管理。农谚云"立夏拔草，秋后吃饱"。立夏分三候，一候蝼蝈鸣，可听到蝼蛄在田间的鸣叫声；二候蚯蚓出，可看到蚯蚓翻松的泥土；三候王瓜生，王瓜（传统药用植物）等藤本植物的藤蔓快速生长。

一、农业生产

（一）粮棉油

"春争日、夏争时。"立夏时节，天气逐渐变热，雷雨逐渐增多，农作物开始由"春生"转入"夏长"阶段，进入生长旺季。农民要抢抓农时，加强管理，田间地头尽是一派忙碌景象。

东北地区春小麦正处于苗期，要合理水肥，培育壮苗；水稻正处于秧苗期，可以开始移栽。**西北地区**玉米正处于出苗期，需要及时查苗补苗放苗，中耕除草；棉花也处于苗期，需注意查苗定苗，中耕除草。**黄淮海地区**小麦抽穗、扬花，俗话说"立夏三天见麦芒"，需及时防治锈病、赤霉病等病害；直播棉正处于幼苗期，注意间苗定苗。移栽棉处于苗期，要及时中耕除草，防治虫害。

江淮地区玉米处于拔节期、穗分化期，适时追肥；油菜进入成熟期，要及时收获。**江南、华南地区**早稻进入穗分化期，而中稻才开始播种；玉米处于拔节期、穗分化期，小喇叭口期施拔节肥，大喇叭口期追肥，同时化控防倒伏；**华南甘薯区**北部冬薯开始成熟收获。

西南地区水稻开始移栽，部分进入分蘖期，移栽前注意炼苗，促进早返青，早分蘖；马铃薯春薯处于结薯期，视情况追肥，防旱排涝。

表43　小麦

地区	生长状况	主要农事
东北、西北（部分地区）	春小麦苗期	压青控旺，合理水肥，培育壮苗
西北（大部分地区）	冬小麦开花期	防治条锈病、白粉病、赤霉病；除草防虫；防早衰防倒伏；促粒增重
黄淮海	抽穗、扬花、籽粒灌浆期	及时防治锈病、赤霉病、白粉病和虫害；根外追肥促穗大粒多，延缓衰老；养根护叶，防旱排涝
江淮	籽粒形成与灌浆期	防治赤霉病、白粉病及黏虫、蚜虫等；结合防病治虫根外追肥以养根护叶，粒多粒饱，"一喷三防"
江南、华南、西南	灌浆成熟期	叶面追肥增加粒重，预防高温逼熟，防止早衰

表44　水稻

地区	生长状况	主要农事
东北	秧苗、移栽期	通风炼苗，培育壮秧；施足底肥，整地移栽；浅水插秧，寸水活棵
西北	播种出苗期	适时早播，精量播种保全苗
黄淮海、西南	移栽期	栽前炼苗，浅水插秧早返青
江淮	中稻播种、育秧期	适时播种、培育壮苗
江南、华南	早稻穗分化期，中稻播种期	早稻控制无效分蘖，中稻培育壮苗

表45　玉米

地区	生长状况	主要农事
东北	苗期	注意预防倒春寒，同时封闭除草，及时间苗、定苗
西北	春玉米出苗、苗期	保苗壮苗，防低温、干旱
黄淮海	玉米备种	选高质量种子；备好农机
江淮	拔节期	防倒伏，促叶、壮秆；防治病虫害
江南、华南	拔节至穗分化期	大喇叭口期重施攻苞肥；防病虫草害，抗旱排涝
西南	春玉米穗分化期，夏玉米播种期	春玉米大喇叭口期重施穗肥，干旱补水，防治虫害等；夏玉米贴茬播种，灌溉保齐苗

表46　油菜

地区	生长状况	主要农事
西北	苗期	防治虫害；3～5叶期化学除草；抗旱保墒，培育壮苗
黄淮海、江淮、江南、中南	成熟、收获期	及时收获，安全贮藏；秸秆粉碎还田
西南	收获期	收获扫尾

立夏

表47 马铃薯、甘薯

地区	生长状况	主要农事
东北（甘薯）	返青至分枝结薯期	中耕除草；尽早追肥；防治病虫害
西北（马铃薯）	苗期至团棵期	查苗补苗，防干旱，施提苗肥；除草
黄淮海（甘薯）	春薯栽插期	整地、施肥；露地选晴天栽插，促苗保发
长江中下游（甘薯）	大田栽插返苗期	合理密植；浇定根水保全苗
江南、华南（马铃薯）	收获期	收获扫尾
华南（甘薯）	北部冬薯成熟期，秋薯薯块育苗期，南部夏薯扩繁期	冬薯清沟排渍，防病虫草害，叶面追肥防早衰；秋薯及时排种；夏薯抢时整地，消毒后假植保成活
西南（马铃薯）	春薯结薯期	初花期（封行前）第3次清沟培土中耕除草；视苗情追肥浇水，注意排涝；加强疫病防控，拔除中心病株
西南（甘薯）	大田栽插返苗期	晴天翻地、耙细、施底肥与起垄；适时移栽

表48 大豆

地区	生长状况	主要农事
东北、西北	播种期	5月中旬播种；合理施肥；封闭杀草
黄淮海、江淮	夏大豆备播	选择优质品种和正茬田块；防治病虫害
江南、华南	开花、结荚期	视苗情灌水；使用促花肥，保花保荚
西南	苗期	杂草3叶期，单、双子叶除草剂混合使用；抗旱排涝；促进多分枝和花芽分化

表49 棉花

地区	生长状况	主要农事
黄淮海	直播棉幼苗期，移栽棉苗期	直播棉查苗间苗定苗，移密补缺，地膜早放苗封土
长江中下游	育苗后期	促根，增施肥水，培育壮苗
西北	苗期	1~2真叶时查苗定苗，合理密植；中耕除草，防旱防冻防虫

（二）果蔬茶

立夏时节，气温逐渐升高，果蔬茶进入生长旺季。黄淮海、西北地区气温回升很快，降水不足，要及时灌水。江淮、江南、华南地区正式进入雨季，要做好湿害、病虫害的防治。

果树　西北、黄淮海地区果园新梢和幼树开始旺长，是花后管理疏果、定果及夏季修剪的关键时期。苹果树花后20天内疏果定果，修剪背上枝，拉枝，果实套膜袋。同时注意追肥灌水、果园种草、覆草以保持土壤水分等。**黄淮海地区**成熟梨树、苹果树、柿树园中耕除草，增加株间覆盖物，施肥灌水；疏除密枝，抹除徒长枝芽，及时抹除无效砧芽和分枝、摘心等。**江淮地区**柑橘保果疏果，叶面喷肥，果园覆盖，预防高温，防治疮痂病、矢尖蚧、恶性叶甲、卷叶蛾、橘蚜、柑橘大实蝇等。**江南、华南地区**大棚西瓜、甜瓜疏果，追施膨瓜肥。露地西瓜继续压蔓。葡萄抹副梢抹芽，合理疏果，施壮果肥，保花保果，中耕除草。

蔬菜　东北地区茄子、青椒、番茄等地膜覆盖、大田定植。**黄淮海地区**多种喜温蔬菜进入开花结果的最佳时期。夏豆角、夏黄瓜开始播种，露地芹菜开始育苗。**黄淮海地区**大蒜采收前7～10天停止浇水，适期收获蒜头，注意晒秧不晒头，贮藏保持干燥与通风。育好耐热甘蓝、白菜苗。播种夏豆角、夏黄瓜。大棚蔬菜昼夜放风，加强水肥管理和病虫害防治。**黄淮海、江淮地区**，大棚蔬菜浇水、施肥，通风降温、降湿，加强对植株管理，及时采收。露地蔬菜整地、做垄、覆膜、定植、缓苗、除草。

茶　江淮、江南、华南地区，茶树春梢发育最快，稍一疏忽，茶叶就要老化，正所谓"谷雨很少摘，立夏摘不辍"。此时，春茶生产已进入后期采收阶段，要集中精力，分批突击采制。采用机械采摘提高下树率，从而提高春茶经济效益。对低洼积水茶园和苗圃地，在雨季来临前整修好沟渠，做好清沟排水，防止茶园积水。苗圃地可以适时掀除覆盖的地膜和遮阴网，小心清除杂草和适当炼苗，提高茶苗成活率。

（三）畜鱼蚕

农谚说，"立夏上江边，小满收鱼花"。天气渐热，要做好春夏交替的畜禽保育工作。养殖鱼类迎来快速生长发育期和繁殖期，要科学培育和挑选鱼苗进行繁育。春蚕食量增大，开始陆续结茧，柞蚕开始放养上山。

立夏时节，畜舍要及时撤去冬春保温防风用的塑料膜等辅助材料。尚未进行山羊抓绒的养殖户要尽快完成此项工作，确保羊绒的足量收取。春末夏初也是雷雨大风天气频发的季节，此时要加固畜舍、修补房顶，预防因恶劣天气导致的"立夏东北风，牛羊有灾星"的不利情况。

鱼塘要做好清洁和水质管理，调整饲料种类，控制饲料投放量，减少水生动物疾病的发生。随着雷雨、阴雨天增多，池塘容易出现浮头甚至死鱼，需安装增氧设备。此时的鱼类生长迅猛、繁殖旺盛，要做好捞取和挑选鱼苗的工作，同时密切监测水质，防止鱼苗疾病的暴发。浙江、福建等沿海地区正值黄花鱼向近海洄游产卵时期，这是黄花鱼捕捞旺季。

立夏时节，清明开始孵化的家蚕卵出蚁后，经过20多天的饲养，开始吐丝结茧，未成熟的五龄蚕此时摄食量大、发育快，要供给足量新鲜桑叶以保证其生长发育。柞蚕小蚕是决定饲养好坏的关键期，可配置柞蚕保育袋，人为减少强风、低温、霜冻和虫鸟兽等危害，有效提高柞蚕保苗率。

图27 工作人员在查看当年第一批新收购的蚕茧（廖光福 摄）

二、农村民俗

"四时天气促相催，一夜薰风带暑来。陇亩日长蒸翠麦，园林雨过熟黄梅。"立夏是春夏转换的重要时间节点，人们会举行各种仪式活动，顺应节气，为即将到来的暑热做好准备。

祭冰神　立夏前后多雹灾，为了祈祷减少冰雹天气降临后对庄稼的影响，河北邢台平乡县后张范村村民们会集体举行"祭冰神"的仪式，祈求诸神免除冰雹灾害。

半山立夏　在浙江省杭州市拱墅区，古老的迎夏传统仍在延续。立夏当日人们会自发聚集到半山娘娘庙附近，吃乌米饭，采摘蚕豆，烧立夏饭，称体重，祈求健康顺利地度过炎热的夏天。

图28　半山立夏（章知建　摄）

立夏秤人　民间会在这天举行秤人、斗蛋等习俗活动。"立夏秤人轻重数，秤悬梁上笑喧闺"，男女老少在院中大秤上称验体重，司秤人说着各种吉利话，处处洋溢着欢声笑语，人们认为称过体重有利于顺利度过炎热的夏天。

喝七家茶　江南地区有立夏喝七家茶以痊夏防暑的习俗，明代文人田汝成在《西湖游览志馀》中记载："立夏之日，人家各烹新茶，配以诸色细果，馈送亲戚比邻，谓之七家茶。"民间有"不饮立夏茶，一夏苦难熬"的说法。

图29　立夏称人（顾益民　摄）

三、田园景观

立夏时节，石榴花开。立夏之后，石榴树枝头鼓出一簇簇的花苞，到5月中旬便簇簇拥拥地在枝头绽放开来，一直开到7月盛夏。因此，农历五月又被称为"榴月"。苏东坡有词云："微雨过，小荷翻。榴花开欲然。"杨万里也有："却是石榴知立夏，年年此日一花开。"郭沫若曾把石榴喻为"夏天的心脏"。

山东枣庄、安徽怀远、四川会理、陕西临潼、云南蒙自等地是中国石榴的主产区。每到榴花飘香的季节，这些地区都会举行盛大的榴花节，吸引广大游客感受夏季的心跳、夏日的激情。

每年的5月中旬，也是椹果挂满枝头的时候。位于山东夏津黄河故道古桑树群，2018年被联合国粮农组织认定为"全球重要农业文化遗产"，这里有2万多株百年以上古桑树，仍保持着旺盛的生命力，每到立夏，成熟的椹果挂满枝头。古树、沙丘、河流、村庄构成一幅人与自然和谐共生的画卷。每年这里会举办夏津黄河故道森林公园椹果生态文化节，大量游客慕名而来，在品尝甜蜜椹果的同时，感受蚕桑文化的源远流长。

图30　山东枣庄石榴花盛开（洪晓东　摄）

58

图31　村民用传统的"抻包晃枝"方式采摘桑椹果（朱峥　摄）

麦穗初齐稚子娇　桑叶正肥蚕食饱

小满，二十四节气中的第八个节气，通常在每年5月20日至22日，太阳到达黄经60°进入小满节气。小满，是农事活动比较繁忙的节气，抓紧抢种抢收。小满分三候：一候苦菜秀，苦菜叶片繁茂、长势旺盛；二候靡草死，喜阴的细软草类在强烈阳光的照射下枯萎；三候麦秋至，麦子即将成熟，迎来收获时节。

一、农业生产

（一）粮棉油

"小满天天赶，忙种不容缓"，小满时节，北方地区的小麦等夏熟作物正值灌浆饱满、将熟未熟的"小得盈满"之际。南方地区降水频繁、雨量丰沛，既要趁晴收割晾晒，也要在雨天抓紧抢栽农作物。小满节气标志着夏种、夏收、夏管的"三夏"大忙时节已经来临。

东北地区春小麦处于苗期，水稻处于栽插后返青期，合理水肥，培育壮苗。**西北地区**冬小麦处于灌浆后期麦粒渐满，要防止倒伏引起减产；5月中下旬播种大豆，合理施肥；马铃薯进入发棵期，应加强肥水管理和病虫害防治；西北棉区进入现蕾期，稳施蕾肥，合理灌溉。**黄淮海、江淮地区**小麦基本进入灌浆期，适当追肥防止衰老；直播棉正处于幼苗期，应及时中耕、防治虫害；甘薯区栽插春薯，栽后及时查苗补苗。**江淮地区**中稻正处于播种、育秧期，俗话说"多插立夏秧，谷子收满仓"，提示人们适时播种，合理管控苗床肥水，培育壮苗。**江南、华南地区**早稻进入穗分化期，需加强田间管理促平衡，控制无效分蘖；玉米进入结实期，大喇叭口期重施攻苞肥。**西南地区**水稻开始分蘖，视情况施分蘖肥；马铃薯区春薯进入淀粉积累期，加强水肥管理及病虫害防治。

表50 小麦

地区	生长状况	主要农事
东北、西北（部分地区）	春小麦苗期	合理水肥，培育壮苗
西北（大部分地区）	灌浆期	防早衰；防倒伏，促粒增重
黄淮海、江淮	籽粒灌浆期	防病治虫，适时浇好灌浆水，结合防病治虫，根外追肥促籽粒饱满
江南、华南、西南	成熟、收获期	防止早衰；及时收获干燥

表51　水稻

地区	生长状况	主要农事
东北	移栽返青期	整地移栽，浅水插秧，寸水活棵，早返青
西北	苗期	及时灌水，全苗壮苗
黄淮海、西南	分蘖期	移栽后适时施分蘖肥促早分蘖；化学除草；防治病虫害
江淮	育秧期	苗床肥水管理，培育壮苗
江南、华南	早稻穗分化期，中稻播种期	早稻加强田间管理，促平衡控制无效分蘖；防治螟虫；中稻浸种催芽，培育壮秧

表52　玉米

地区	生长状况	主要农事
东北、西北	苗期	适时定苗，留壮苗、均苗，及时中耕除草；防干旱，防低温
黄淮海	夏玉米备种	购买高质量种子及专用缓控肥和农药；完善灌排设施
江淮	穗分化	大喇叭口期追肥壮秆、争取大穗；化控防倒伏；及时防治玉米螟等病害
江南、华南	结实期	生物或绿色农药防治病虫，勤除草
西南	春玉米穗分化期，夏玉米播种期	春玉米大喇叭口期重施穗肥，防治病虫；夏玉米灌溉保齐苗；田间除草、排涝

表53　油菜

地区	生长状况	主要农事
西北	苗期	及时中耕，抗旱保墒；培育壮苗、增蕾增枝
黄淮海、江淮、江南、中南	收获期	及时收获；籽粒及时干燥，安全贮藏；秸秆粉碎还田
西南		收获扫尾

表54 马铃薯、甘薯

地区	生长状况	主要农事
东北（甘薯）	分枝结薯期	中耕除草；尽早追肥；防病虫害，多分枝，多结薯
西北（马铃薯）	发棵期	合理水肥，防干旱；除草
黄淮海（甘薯）	春薯栽插期	移栽保苗、促苗早发；防治病虫草害
长江中下游（甘薯）	大田栽插返苗期	抢早定植保全苗；提倡水肥一体化
江南、华南（马铃薯）		马铃薯农闲期
华南（甘薯）	北部冬薯收获期，秋薯薯块育苗期，南部夏薯扩繁期	冬薯及时收获；秋薯及时排种；夏薯抢时整地，治病虫，消毒后假植保成活
西南（马铃薯）	春薯结薯成熟期	追肥浇水；加强疫病防控
西南（甘薯）	大田栽插返苗期	适时移栽；防治病虫草害

表55 大豆

地区	生长状况	主要农事
东北、西北	播种出苗期	播种后合理施肥培育壮苗；封闭杀草
黄淮海	备种	选择高产多抗性品种，选择正茬田块，防病虫害
江南、华南	结荚、鼓粒期	合理水肥，保荚、促鼓粒，防治虫害
西南	分枝期	抗旱排涝；防治虫害，促进多分枝和花芽分化

表56 棉花

地区	生长状况	主要农事
黄淮海	直播棉幼苗期，移栽棉苗期	直播棉查苗间苗定苗，移密补缺，地膜棉早放苗封土；麦后棉收后移栽；中耕除草，及早防治苗期虫害
长江中下游	大田移栽期	4～5真叶时移栽，合理密植，提高成活率；及时防治病虫害
西北	现蕾初期	弱苗喷施苗肥；防旱防冻防虫

（二）果蔬茶

农谚说，"小满见三鲜"。小满时节，各种各样的夏季瓜、果、蔬菜陆续成熟并收获上市。北方地区热干风盛行，要注意保证果树的水分供给和防治病害；南方降雨频繁，要及时挖沟排水，成熟的果实要及时收摘。

果树 西北地区果园疏果定果、套纸袋、夏季修剪、追肥灌水、防治病虫、果园人工除草等。苹果要防治早期落叶病、炭疽病、轮纹病和卷叶蛾、叶螨、蚜虫等。**黄淮海地区**果树要保证水分供给，做好排水和防治病虫害等，及时收摘成熟果实。葡萄谢花后开始定穗、整果穗、去副穗，剪除过长穗尖，等距离定梢绑蔓，不定期供水保持土壤较湿润状态。**江淮地区**柑橘保果疏果、叶面喷肥、果园覆盖，预防高温，防治疮痂病、矢尖蚧、恶性叶甲、卷叶蛾、橘蚜、柑橘大实蝇等。**江南、华南地区**葡萄中耕除草，保持畦面土壤疏松和水分供应；避雨栽培，注意控制棚内温湿度；疏果后果实套袋，摘心抹卷须。

蔬菜 东北、西北地区设施蔬菜监测与防治霜霉病、灰霉病、早疫病、斑潜蝇、菜青虫、小菜蛾、蚜虫等。**黄淮海地区**育好耐热甘蓝、白菜苗，播种夏豆角、夏黄瓜，做好山地茄果类蔬菜的培育壮苗，把好定植关。**黄淮海、江淮地区**露地黄瓜温汤浸种催芽，待大部分种子露白播种覆细潮土，并覆膜封严，做好夜间防寒保温。**江南、华南地区**做好蔬菜田间管理，适时采收。

茶 江淮、江南、华南地区茶园应合理修剪茶树枝，在保持树冠上部圆头形以扩大树冠的前提下，剪去茶树鸡爪枝、过密枝、徒长枝、丛生枝、枯枝、病虫害枝。不采摘夏秋茶的成年茶园，可进行深修剪，培养树冠树势。对于衰老期茶树，立即着手进行茶园的重修剪和台刈工作。茶园要进行适当的浅耕松土，浅耕后用生草或干草覆盖土表，还要开沟施肥，一般生产茶园以施氮肥为主，台刈或重修剪的改造茶园除施尿素外，应增施有机肥，如菜籽饼肥、厩肥等。

（三）畜鱼蚕

农谚说，"好蚕不吃小满桑，好牛不吃中午草"。小满时节，牲畜的养殖模式由舍饲向放牧转变。水产养殖需供给足量的饲料，助其快速生长发育。绝大多数的春蚕已经吐丝结茧。

小满时节，气温高企。及时修剪羊毛不仅提供丰厚的羊毛还可防止体外寄生虫滋生，有利于羊群健康度过炎热的盛夏。此时，牧草也迎来快速生长期，牛、羊、马等草食牲畜的饲养模式以放牧为主，舍饲为辅。草食牲畜在大量采食青绿饲料后易引起消化道疾病，需仔细观察采食情况、体貌体态、精神状态，每日需适量补充精饲料，合理搭配饲草料。

　　大多数鱼类都处在觅食的高峰期，鱼群摄食量明显增加，甚至出现抢食的状态，要保证充足的饲料供给。同时提防水质污染引发的缺氧和病害。草鱼、鲢鱼、鳙鱼等可采用捕大留小、轮捕轮放的方式进行捕捞。轮捕时间是从每年的5月底到11月底，捕捞间隔为2个月。各种鱼类夏花鱼苗（夏花，体长约3厘米的稚鱼，有的地方称为火片、乌仔、寸片）培育陆续开始，为日后的新鱼培养奠定基础。

图32　牧民们正忙于剪羊毛（王将　摄）

　　"小满见新丝"，谷雨时养的春蚕已经停止进食桑叶，转而开始吐丝结茧。小满后开始夏蚕的养殖准备工作，要协调好与桑园相近的农田治虫用药，特别要避免使用对蚕有严重影响的沙蚕毒素类、有机氮类等生物杀虫农药。养蚕人员及蚕具绝对不能接触农药，以防止家蚕中毒。对于可疑桑叶，坚持桑叶试喂方法，先采少量的桑叶给少量的小蚕试吃，连续2次试喂表现无毒后才可以大量用叶。

二、农村民俗

"夜莺啼绿柳，皓月醒长空。最爱垄头麦，迎风笑落红。"小满时节，随着农事活动的变化，南北方因农事活动的不同呈现出各具特色的民间风俗。

祈蚕节　小满是南方地区蚕结茧收获的时候，江浙一带会举行"祈蚕节"，各地蚕神祠庙皆开锣演戏，以庆神诞，祈求好的收成。其中尤以"绸都"盛泽的蚕神祭祀和小满戏最为出名。

图33　盛泽小满戏（赵永清　摄）

小满会　北方地区的农民开始为夏收做准备工作，各地通常会举行庙会，借此机会交易农具物资等，俗称"小满会"。小满会以济水发源地——河南济源比较盛大和著名。人们到济渎庙中祈祷济渎水神，然后交易农具为夏收做好准备。现在的小满会与过去相比更加热闹，叫卖声、吆喝声、音乐声此起彼伏，充满了烟火气。

"看麦梢黄"习俗　在关中地区，出嫁的女儿和女婿要如同过节一样，携带礼品如油旋馍、黄杏、黄瓜等去探望娘家人，问候夏收的准备情况，谓之"看麦梢黄"。等娘家的麦收忙完后，母亲再探望女儿，关心女儿的操劳情况，体现了生产劳动中的心心相连，母女情长。农谚有"麦梢黄，看亲娘。卸了杠柫，娘看冤家。"

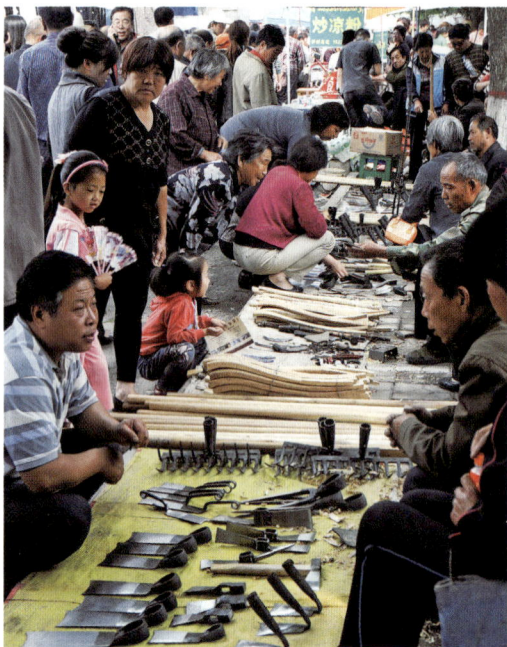

图34　小满会（苗秋闹　摄）

三、田园景观

小满一到，江南熟透的枇杷浑圆珠滚，所谓的"小满枇杷半坡黄"的韵致、"摘尽枇杷一树金"的情味，都在小满盈满中。

枇杷秋日养蕾，冬季开花，春来结子，夏初成熟，承四时之雨露，被称为"果中独备四时之气者"。明代李昌祺发出"长是江南逢此日，满林烟雨熟枇杷"的感叹。

位于杭州临平的塘栖镇，是中国四大枇杷主产地之一，距今已有1400多年的种植历史，枇杷种植面积近1.5万亩。塘栖枇杷，唐代曾被列为贡品，在《唐书·地理志》中曾记载"余杭郡岁贡枇杷"，民间素有"天下枇杷出塘栖"之说。

"小满樱桃昼夜红"。小满对于山东烟台种植樱桃的果农来说，也是一个十分重要的节点。当地有农谚："樱桃顶着小满下"。意思就是，小满节气一到，樱桃也就进入收获期了。烟台大樱桃从开花到果实成熟，只需四十天，小满后十天大樱桃就上市了。这是果农一年中最忙最累的时节，早晨天一亮就已经在山里摘樱桃，有时随摘随卖，有时摘一天，晚上拣选分等级，凌晨子时再到市场上卖樱桃。

图35 浙江杭州塘栖枇杷丰收（柱子 摄）

图36 烟台福山区冯家村果农采摘大樱桃（孙文潭 摄）

夜来南风起　小麦覆陇黄

芒种，二十四节气中的第九个节气，通常在每年6月5日至7日，太阳到达黄经75°进入芒种节气。芒种期间，气温显著升高，雨量比较充沛，全国大部分地区的农业生产处在"三夏"农忙最为关键的阶段。芒种分三候：一候螳螂生，小螳螂从卵中破壳而出；二候鹏始鸣，伯劳鸟开始在枝头鸣唱；三候反舌无声，善鸣的乌鸫停止鸣叫，进入孵化哺育期。

一、农业生产

（一）粮棉油

"不到芒种人不忙，芒种打火夜插秧。"芒种是一个典型的表征农事的节气。表示"有芒的麦子快收，有芒的稻子可种"。全国绝大地区的农业生产进入最为忙碌的阶段，夏熟作物要收获，夏播作物要播种，春种的庄稼要管理，处于夏收、夏种、夏管的"三夏"大忙时节。"麦在地里不要笑，收到囤里才可靠"，成熟的冬小麦需要及时收获晾晒，夏玉米、夏大豆、中稻等夏播作物需要尽早播种栽插，春季播种的作物已经进入需水需肥的生长关键时期，需要及时追肥补水，防治病虫草害。

东北地区正值春小麦拔节期和水稻分蘖期，水肥管理十分关键。甘薯处于分枝结薯期，防旱排涝，防治病虫害。**西北地区**玉米处于拔节期，要中耕除草，看苗追肥，抗旱灌溉保墒；棉花进入蕾期要加强管护。**黄淮海地区**小麦抢收、归仓，麦秸粉碎还田，麦收后及时播种玉米和大豆，栽插夏甘薯；直播棉和移栽棉分别处于现蕾期和现蕾至初花期，要合理水肥，旺苗化控，防治病虫害。**江淮地区**小麦及时收获，麦收后保水板茬播种大豆，利用麦茬保墒，免耕护土，抢播避旱。**西南地区**水稻够苗期要控水搁田。春玉米清沟理墒、降湿防病防倒伏。大豆开花结荚期抗旱排涝，根外追肥。**江南、华南地区**早稻田复水、看苗追肥，中稻抢栽，春玉米遇旱及时沟灌，夏玉米适期播种，夏大豆及时播种。**西南地区**马铃薯追肥浇水；水稻够苗期控水搁田；春玉米清沟理墒、降湿防病、防止倒伏，大豆开花结荚期抗旱排涝，根外追肥。

表57　小麦

地区	生长状况	主要农事
东北、西北（部分地区）	春小麦拔节、孕穗、抽穗期	化学除草，防治赤霉病，喷叶面肥
西北	灌浆、成熟期	浇好灌浆水、促粒增重
黄淮海	自南向北进入灌浆、成熟、收获期	蜡熟末期根据天气变化及时抢收，安全烘晒储藏
江淮、江南、华南、西南		小麦农闲期

表58　水稻

地区	生长状况	主要农事
东北	分蘖期	浅水灌溉，提高土温，促分蘖；移栽后5~10天施分蘖肥；视情况二次化学除草；分蘖后期晒田控制无效分蘖；防治病虫害
西北	苗期、分蘖期	水层管理，大水浸种，浅水催芽，干干湿湿扎根；2叶1心期追施断乳肥；适时防除杂草
黄淮海	分蘖期、穗分化期	浅水灌溉，提高土温，促分蘖；移栽后5~10天施分蘖肥；视情况二次化学除草；分蘖后期晒田控制无效分蘖；防治病虫害
江淮	移栽期、分蘖期	秸秆深埋还田，配方施肥；栽前3天或栽后分蘖肥时封闭化学除草；带肥带药移栽；浅水插秧；栽后5~7天施分蘖肥；浅水灌溉分蘖
江南、华南	早稻拔节、孕穗、抽穗、开花期，中稻移栽、分蘖期，晚稻播种期	早稻施足穗肥，保持水层；中稻施足基肥，移栽，及时施分蘖肥；晚稻根据早稻茬口适时精量播种，培育壮苗；针对各季做好病虫草害防治
西南	分蘖盛期、拔节期	肥水管理促平衡；人工除草或二次化学除草；够苗期控水搁田；穗分化期复水，浅湿交替灌溉；防治病虫害

表59　玉米

地区	生长状况	主要农事
东北	拔节期、小喇叭口期	追肥：注重氮磷钾协调、配合微肥；中耕：兼有除草、覆盖化肥的作用；注意防治虫害
西北	拔节、小喇叭口期	8~10叶期旺苗化控防倒伏；中耕除草，看苗追肥；注意抗旱灌溉保墒；防治病虫害
黄淮海	播种、出苗期	麦收后及时种肥同播，一播全苗；视情况灌水保墒；防芽涝；合理施用除草剂，防药害
江淮	开花期、籽粒形成期	阴雨天气人工辅助授粉；及时防治病虫害；排涝防渍，防止早衰

地区	生长状况	主要农事
江南、华南	灌浆、乳熟、完熟期	甜玉米授粉20天后及时收获；普通玉米生理成熟后收获，争取产量最大化
西南	春玉米开花至籽粒形成期，夏玉米苗期至拔节期	春玉米人工辅助授粉、隔行去雄；花期追粒肥防早衰；防旱排涝，防治病虫害；夏玉米追苗肥、治虫除草，化控防倒

表60　油菜

地区	生长状况	主要农事
西北	蕾薹期至初花期	化学除草；结合除草防治草地螟、小菜蛾等；蕾薹期追施尿素；初花期喷施硼肥等叶面肥
黄淮海、江淮、江南、中南	收获期	采摘、扫尾
西南		油菜农闲期

表61　马铃薯、甘薯

地区	生长状况	主要农事
东北（甘薯）	分枝结薯期与茎叶盛长期	排涝降湿，防旱；摘除顶芽，除杂草；防病虫害，看苗追施促薯肥
西北（马铃薯）	结薯至现蕾期	中耕除草；防病虫害；中期追肥
黄淮海（甘薯）	夏薯栽插期	春薯遇旱及时浇水；夏薯抢时早栽，合理密植；防治病虫草害
长江中下游（甘薯）	发根分枝结薯期	及时中耕除草；病虫早防早治；看苗施肥
江南、华南（马铃薯）		马铃薯农闲期
华南（甘薯）	北部冬薯收获期，秋薯种苗扩繁，南部夏薯扩繁期	冬薯及时收获，防治病虫草害，适时收获；秋薯及时扩繁，追施平衡肥；夏薯抢时整地种植，施壮苗肥，防治病虫害

地区	生长状况	主要农事
西南（马铃薯）	春薯膨大、积累、收获期	因苗田管，清沟排水；防控晚疫病，拔除中心病株；早春薯根据市场和田间情况，晴日及时收获
西南（甘薯）	分枝生长期	小春收后及时栽插；栽后约15天中耕、除草、培土；防旱防渍；防治病虫草害

表62 大豆

地区	生长状况	主要农事
东北	苗期、分枝期	单双子叶同时茎叶处理，促进分枝和花芽分化；防治病虫害
西北		单双子叶同时茎叶处理，促进分枝和花芽分化；防治病虫害；抗旱排涝
黄淮海、江淮	播种出苗期	麦收后保水板茬播种；播后灌水促全苗；亩施基肥40千克，争苗全、匀、壮
江南、华南	春大豆鼓粒、成熟期，夏大豆播种期	防治豆荚螟；干旱及时灌水；叶面追肥，促鼓粒，增加百粒重；除草，夏大豆播种
西南	开花结荚期	抗旱排涝；根外追肥，保花、保荚；防治豆荚螟、食叶害虫；除草；使用矮壮素

表63 棉花

地区	生长状况	主要农事
黄淮海	直播棉现蕾期，移栽棉现蕾至初花期	中耕除草促根由浅到深；适时揭膜；合理水肥；旺苗化控，整枝打杈；防治病虫害
长江中下游	现蕾期至开花期	查苗补栽，清沟排水；撤膜，中耕除草促根，培土；化控、去叶枝；蕾肥掌握壮苗少施、弱苗多施；防治病虫害
西北	盛蕾期、初花期	盛蕾期浇头水前揭地膜，初花期第二次浇水；瘦地弱苗追肥，旺苗化控；多次中耕培土除草促根；防治病虫害

芒种

（二）果蔬茶

农谚说，"家家忙农事，田间无闲人"。芒种时节，长江中下游进入梅雨季节，果蔬要做好施肥、中耕除草、排水和防治病虫害等工作。

果树　东北、西北地区果树新梢停止生长，幼果发育、花芽分化，套袋前喷施杀虫剂、杀菌剂，果实套袋，果树夏季修剪，拉枝整形，及时追肥等管理活动。苹果追肥促果实膨大和花芽分化，花后果实套袋，套袋前喷施杀虫剂，夏剪促进透光和花芽分化，病虫防控。**黄淮海地区**成龄苹果树适时追肥、灌水，果实套袋，夏季修剪，疏花疏果。葡萄适时摘心，等距离定梢绑蔓，谢花后30～35天开始套袋，套袋前全园细致杀菌杀虫，视果树坐果情况施肥、供水。做好果树病虫害防治。**江淮地区**柑橘疏劣质果、病虫果、粗皮大果，防治病虫害。**江南、华南地区**梨、桃等做好夏剪、疏枝工作。葡萄中耕锄草，摘心绑缚抹卷须，剪除病果、病枝、病叶和枝梢底部的老叶，在果实硬核期增施磷、钾肥，防治病虫害。

蔬菜　西北地区露地蔬菜进入采收盛期，主要监测与防治白粉病、霜霉病、早疫病和小菜蛾、菜青虫、蚜虫、棉铃虫、斑潜蝇等。**黄淮海地区**抓好夏黄瓜、夏白菜、夏甘蓝、夏菜花种植。梅雨季节做好低海拔四季豆适时采收，排水防病。**江淮地区**大棚蔬菜施肥保苗，采收果实，及时拉秧整地。露地蔬菜浇水施肥，加强植株管理，及时采收上市。

茶　江淮、江南、华南地区遇暴雨时，及时疏通茶园沟渠，排水降渍。做到排深水，排彻底，防止水淹、土壤冲刷或根系外漏现象发生。使用物理方法防治病虫害。易发生炭疽病的茶园，梅雨季节来临前可选用药剂进行防治。

（三）畜鱼蚕

农谚说，"雨打芒种头，河鱼眼泪流"。对畜舍进行通风和防潮工作，对鱼塘进行清理和增氧工作，谨防梅雨期高温高湿环境对畜禽、鱼类、蚕造成的危害。

连绵的梅雨期易引起畜禽饲料霉变。要时刻注意饲料贮藏状态，进行防潮保护。加强日常清洁工作，勤扫笼舍，及时清除并外运粪便，防止细菌和体外寄生虫的滋生。高温高湿环境易导致畜禽食欲减退，可以调整饲喂时间至较为凉爽的清晨和夜晚。同时注意天气变化，雨天尽量进行舍饲，避免外出活动。防止家畜长时间在潮湿泥泞的地方采食和休息，以免引发风湿病。

鲫鱼、鲤鱼等夏花鱼苗基本投放完毕，此时注意池塘的缺氧问题，做好鱼类疾病的监测防控。受梅雨季节和台风影响的地区，闷热多雨、天气多变，极易造成养殖环境水质突变，水产动物应激反应加剧，因此为预防底质恶化，可定期培藻补菌。警惕病害发生与流行，尤其要预防草鱼出血病、细菌性败血症、细菌性肠炎等疾病的暴发。

随着温度的升高，桑蚕的生长发育加快，在单位时间内食桑量也随之增多。此时还未上蔟结茧的蚕食欲较大，蚕农要保证足量且新鲜的桑叶供给，不耽误茧子质量和产量。芒种节气后，柞蚕在高温干旱环境中发育迟缓，此时要准备好夏蚕孵化的场地，并对养蚕用具进行清理消毒。可分批进行放养，及时剔除小蚕和迟眠蚕。匀蚕、移蚕要在早晚进行，对串枝滑树的蚕要及时换树。

二、农村民俗

"时雨及芒种，四野皆插秧。家家麦饭美，处处菱歌长。"芒种是南方地区水稻插秧的重要时节，祈盼禾苗平安，风调雨顺，秋季有个好收成，是人们的共同心愿，由此衍生出各种习俗活动。

安苗祭祀 皖南各地在水稻栽插完成之后，要举行隆重的安苗祭祀活动。家家户户用新麦面做成"安苗包"等面点，蒸熟后祭祀"汪公菩萨"，祈求秧苗平稳扎根、五谷丰登、全家平安。人们在祭礼结束后，还要抬着汪公去巡田，根据秧苗插得好坏分别插上红旗和黄旗，颇有"农业检验"的意思。

打泥巴仗节 贵州省黔东南自治州黎平县一带的侗族，每年都要在芒种插秧苗的时节举办打泥巴仗节。青年男女集体插秧，互相比赛，看谁插得又快又齐。插秧完毕后互扔泥巴，嬉戏打闹，使繁重的劳动变得趣味盎然。

梳秧节 地处大山深处的广西龙胜各族自治县龙脊十三寨壮族群众，每年芒种时节，会选择一个好日子，祭祀秧苗保护神"秧母娘娘"，祈求全寨风调雨顺、五谷丰登。节日期间，当地农民在梯田间开展耦耕、梳秧、插田等农事活动。

图37　安苗节（吴孙民　摄）

开犁节　每年芒种节气，浙江云和梯田都会举行一年一度的开犁节，民间也叫"牛大王节"。通过一套隆重的鸣腊苇、吼开山号子、祭神、祈福、犒牛、开犁等仪式活动，开启夏耕。

图38　梅源开犁节（云和县　供图）

泡青梅酒　芒种恰好是江南地区梅子成熟之时，但新梅酸涩，难以直接入口，所以人们发明了各种加工梅子的方式，至今，在盛产青梅的南京市溧水区一带，依然保留着芒种泡制青梅酒的习俗。

三、田园景观

麦穗收尽，稻秧登场。每年芒种期间，浙江省云和县梅源山区农民都会举行隆重的开犁节。开犁节起源于云和梅源一带久远的梯田垦殖历史和农耕生活方式。2021年开犁节入选国家级非物质文化遗产名录，云和梯田被列入中国重要农业文化遗产。

云和梯田坐落在浙西南的莽莽群山中，以"千年历史、千米落差、千层梯田"闻名，是华东地区规模最大梯田集群。芒种时节，云和梯田进入了灌水季，置身梯田深处，近有耕牛犁田，远处炊烟牧童，高山、梯田、云雾、沟壑，虚虚实实、若即若离……千年以来，云和梯田将畲汉文化、农耕文化、银矿文化融为一体，将万物一体、顺天应时的生态哲学延续至今。

图39　云和梯田灌水期景色（鲍赣生　摄）

昼晷已云极　宵漏自此长

夏至，二十四节气中的第十个节气，通常在每年6月21日至23日，太阳到达黄经90°进入夏至节气。夏至日，太阳正午时分直射北回归线，北半球迎来一年中昼最长、夜最短的一天。夏至期间日照充足、气温持续攀升，农作物生长迅速，对降水需求较大，故有"夏至雨点值千金"的说法。夏至分三候：一候鹿角解，梅花鹿角开始解落；二候蜩始鸣，知了开始鼓翼而鸣；三候半夏生，半夏块茎和珠芽长出茎叶。

一、农业生产

（一）粮棉油

"进入夏至六月天，黄金季节要抢先。"夏至前后是农业生产的重要时期，光照时间长、雨热同季的气候条件使得农作物生长十分旺盛，是一年农业生产的黄金时期。与此同时，杂草、害虫迅速生长，需加强田间管理，抓紧中耕。防范强对流天气对作物造成的危害，长江中下游、江淮流域等降水较多的地区要做好田间清沟排水，降水偏少的地区注意空梅高温，加强调水灌溉抗旱。

东北地区小麦开始抽穗，要注意防治赤霉病，施叶面肥；水稻分蘖后期通过晒田控制无效分蘖；玉米小喇叭口期注重水肥管理；大豆分枝期加强病虫害防治，抗旱排涝。**黄淮海地区**玉米、大豆正值播种出苗期，注意抗旱保墒，棉花整枝打杈，防治病虫害。**西北地区**玉米灌溉抗旱，防治虫害；油菜保花保枝，初花期喷施叶面肥；大豆分枝期抗旱排涝；棉花盛蕾期浇头水前揭地膜，初花期第二次滴水，旺苗化控。**江淮地区**水稻移栽后浅水灌溉促分蘖；春播玉米籽粒形成期注意防治病虫害，排涝防渍。**西南地区**水稻控制无效分蘖，及时排涝，提高成穗率；春玉米籽粒形成期追粒肥防早衰，防旱排涝，防治病虫害；甘薯分枝生长期及时栽插，栽后15天中耕、除草、培土。**江南、华南地区**晚稻根据早稻茬口适时精量播种，玉米、冬甘薯及时收获，大豆开花结荚期，注意根外追肥。

表64　小麦

地区	生长状况	主要农事
东北、西北（部分地区）	春小麦拔节、孕穗、抽穗期	化学除草，防治赤霉病，叶面喷肥
西北（大部分地区）	成熟、收获期	收获前去杂，适时收获，及时晾晒入仓，预防连阴雨导致穗发芽
黄淮海、江淮江南、华南、西南		小麦农闲期

表65　水稻

地区	生长状况	主要农事
东北	分蘖期	浅水灌溉，提高土温，促分蘖；移栽后5～10天施分蘖肥；视情况二次化学除草；分蘖后期晒田控制无效分蘖；防治病虫害
西北	苗期、分蘖期	水层管理，大水浸种，浅水催芽，干干湿湿扎根；2叶1心期追施断乳肥；适时防除杂草
黄淮海	分蘖期、穗分化期	浅水灌溉，提高土温，促分蘖；移栽后5～10天施分蘖肥；视情况二次化学除草；分蘖后期晒田控制无效分蘖；防治病虫害
江淮	移栽期、分蘖期	秸秆深埋还田，配方施肥；栽前3天或栽后分蘖时封闭化学除草；带肥带药移栽；浅水插秧；栽后5～7天施分蘖肥；浅水灌溉分蘖
江南、华南	早稻拔节、孕穗、抽穗、开花期，中稻移栽、分蘖期，晚稻播种期	早稻施足穗肥，保持水层；中稻施足基肥，移栽，及时施分蘖肥；晚稻根据早稻茬口适时精量播种；针对各季做好病虫草害防治
西南	分蘖盛期、拔节期	肥水管理促平衡；人工除草或二次化学除草；够苗期控水搁田；穗分化期复水，浅湿交替灌溉；防治病虫害

表66　玉米

地区	生长状况	主要农事
东北	拔节期、小喇叭口期	追肥：注重氮磷钾协调、配施微肥；中耕：兼有除草、覆盖化肥的作用；注意防治虫害
西北	拔节、小喇叭口期	8～10叶期旺苗化控防倒伏；中耕除草，看苗追肥；注意抗旱灌溉保墒；防治病虫害
黄淮海	播种、出苗期	麦收后及时种肥同播，一播全苗；视情况灌水保墒；防芽涝；合理施用除草剂，防药害
江淮	开花期、籽粒形成期	阴雨天气人工辅助授粉；及时防治病虫害；排涝防渍，防止早衰
江南、华南	灌浆、乳熟、完熟期	甜玉米授粉20天后及时收获；普通玉米生理成熟后收获，争取产量最大化
西南	春玉米开花至籽粒形成期，夏玉米苗期至拔节期	春玉米人工辅助授粉、隔行去雄；花期追粒肥防早衰；防旱排涝，防止病虫害；夏玉米追苗肥，治虫除草，化控防倒

表67　油菜

地区	生长状况	主要农事
西北	蕾薹至初花期	化学除草；结合除草防治草地螟、小菜蛾等；蕾薹期追施尿素；初花期喷施硼肥等叶面肥
黄淮海、江淮、江南、中南	收获期	收获扫尾
西南		油菜农闲期

表68　马铃薯、甘薯

地区	生长状况	主要农事
东北（甘薯）	分枝结薯期与茎叶盛长期	排涝降湿，防旱；摘除顶芽，防除杂草；防病虫害，看苗追施促薯肥
西北（马铃薯）	结薯、现蕾期	中耕除草；防病虫害；中期追肥
黄淮海（甘薯）	夏薯栽插期	春薯遇旱及时浇水；夏薯抢时早栽，合理密植；防治病虫草害
长江中下游（甘薯）	发根分枝结薯期	及时中耕除草；病虫早防早治；看苗施肥
江南、华南（马铃薯）		农闲
华南（甘薯）	北部冬薯收获期，秋薯种苗扩繁，南部夏薯扩繁期	冬薯及时收获，防治病虫草害，适时收获；秋薯及时扩繁，追施平衡肥；夏薯抢时整地与种植，施壮苗肥，防治病虫害
西南（马铃薯）	春薯膨大、积累、收获期	因苗田管，清沟排水；防控晚疫病，拔除中心病株；早春薯根据市场和田间情况，晴日及时收获
西南（甘薯）	分枝生长期	小春收后及时栽插；栽后约15天中耕、除草、培土；防旱防渍；防治病虫草害

表69　大豆

地区	生长状况	主要农事
东北	苗期、分枝期	单双子叶同时茎叶处理，促进分枝和花芽分化；防治病虫害
西北		单双子叶同时茎叶处理，促进分枝和花芽分化；防治病虫害；抗旱排涝

二十四节气农事手册

地区	生长状况	主要农事
黄淮海、江淮	播种出苗期	麦收后保水板茬播种；播后灌水促全苗；亩施基肥40千克
江南、华南	春大豆鼓粒、成熟期，夏大豆播种期	防治豆荚螟；干旱及时灌水；叶面追肥；除草，夏大豆播种
西南	开花结荚期	抗旱排涝；根外追肥；防治豆荚螟、食叶害虫；除草；使用矮壮素

表70　棉花

地区	生长状况	主要农事
黄淮海	直播棉现蕾期，移栽棉现蕾至初花期	中耕除草促根由浅到深；适时揭膜；合理水肥；旺苗化控，整枝打杈；防治病虫害
长江中下游	现蕾期至开花期	查苗补栽，清沟排水；撤膜，中耕除草促根，培土；化控、去叶枝；蕾肥掌握壮苗少施、弱苗多施；防治病虫害
西北	盛蕾期、初花期	盛蕾期浇头水前揭地膜，初花期第二次滴水；瘦地弱苗追肥，旺苗化控；多次中耕培土除草促根；防治病虫害

（二）果蔬茶

农谚说，"夏至风从西北起，瓜蔬园内受熬煎"。夏至后进入伏天，气温高，光照足，雨水增多，杂草、害虫迅速滋生蔓延，需加强果树、蔬菜和茶叶田间管理，做好防洪准备。

果树　东北、西北地区果园重点进行果实套袋、追肥、病虫害防治。苹果、梨处于果实膨大期，需追施高钾复合肥或含腐殖酸的磷钾肥1～2次。露地西瓜进入坐瓜期，注意适当控水、控氮肥，防止徒长，坐瓜后及时加强肥水管理，以利西瓜膨大。果树要监测与防治斑点落叶病、褐斑病、轮纹病、腐烂病和红蜘蛛、金龟子、山楂叶螨、桃小食心虫等。**黄淮海地区**梨树、苹果树成龄园进入花芽分化期，进行追肥灌水。葡萄适时摘心，及时疏除徒长枝和多余的营养枝，绑蔓，谢花后果实套袋。对挂果量大的晚熟葡萄品种增施一次膨果肥，施肥后及时浇水；早、中熟葡萄品种浇施1～2次硫酸钾。做好果树病虫害防治。**江淮、江南、华南地区**柑橘园锄草、除萌芽、控制夏梢生长，施壮果肥，防治炭疽病、矢尖蚧、锈壁虱、天牛、蚜虫、大实蝇等病虫害。

蔬菜 **东北、西北地区**大棚秋芹菜低温催芽后播种育苗，注意遮阴、防雨、防病虫害等。**黄淮海地区**种植夏黄瓜、夏白菜、夏甘蓝、夏菜花。抓好高山四季豆等高山蔬菜播种和移栽，梅雨季节做好低海拔四季豆的排水防涝，适时采收。**江淮、江南、华南地区**露地、大棚蔬菜抢抓农时做好收获、追肥、除草松土和防病治虫害等工作。

茶 **江淮、江南、华南地区**茶园合理采摘茶叶。生产茶园宜及时嫩采，分批留叶采，杜绝"老嫩一把采"。更新茶园及幼龄茶园以留养为主，分批打顶采。应使用物理方法防治病虫害，易发生炭疽病的茶园，梅雨季节来临前可选用药剂进行防治。

（三）畜鱼蚕

夏至节气，日照最长、天气炎热，要做好畜舍的遮阴、通风和降温工作。农谚说："夏至日头虎，鱼虾翻肚腹"，水产养殖需注意水质监测并及时增氧。控制家蚕蚕房温湿度，减少蚕病发生率，提高夏蚕饲养效率。

针对高温天气，要积极采取各种措施以保障畜禽健康。在养殖栏舍顶部搭建遮阳棚或覆盖遮阳材料，同时在窗口位置也要搭设遮阳棚，防止畜禽长时间暴晒引起日射病。对于高原牧区，要控制放牧时间和频率，减少高温和日晒对牛羊造成的伤害。另外，最大限度增加畜禽圈舍通风量和频率，必要时安装排风扇、换气扇、水帘等设备，增加空气对流，提高畜禽的体感舒适度。养殖场还应定期对环境进行喷雾消毒，避免因炎热天气、通风不足而导致的细菌和病毒滋生，在预防畜禽疾病的同时也起到降温的作用。

鱼类采食量大、生长迅速，要保证足量的营养供给和科学的饲料配比。天气逐渐闷热，要警惕池塘缺氧情况，做好水质监测工作，预防草鱼暴发出血病，做好鱼类疾病的监测与防控。天气闷热、阴雨天增多、雨水增多，池塘中微生物生长迅速，易引起池塘缺氧，造成鱼类死亡，要定时开启增氧器，定期更换新水。

夏至前后是夏蚕饲养的关键时期，此时蚕病高发，加之高温环境，因此，饲育夏蚕比春蚕需要更高的技术和更多的精力。要提前备好蚕室，调整适宜的室内温度和湿度，并储备足量的桑叶，满足蚕正常生长发育的需要。春柞蚕开始陆续结茧，要集中人力及时摘茧，带枝轻剪，将柞蚕茧移入窝茧场。

图40　对猪舍喷雾消毒，防止疫病发生（史奎华　摄）

二、农村民俗

"骄阳渐近暑徘徊，一夜生阴夏九来。"夏至是四时八节之一，是白昼最长、黑夜最短，阳气最盛的时节，形成了丰富的民俗活动。

分龙节　在广西河池市环江毛南族自治县，当地毛南族有夏至期间过"分龙节"的习俗，人们祭祀三界公爷，蒸制五色糯米饭和粉蒸肉，把糯饭捏成小团粘在柳枝上，插在中堂，祈求龙王均匀降雨，以获得好收成。

"游田了"　在福州市闽清县的金沙镇有"游田了（liào）"的民间习俗。每年的夏至农忙后，当地人都要抬出"农神"张圣君的全身塑像，祭祀供奉，村民们排起长长的队伍，一路敲锣打鼓，到农田里"巡游"，寓意巡察，以此提醒乡民以农为本，不误农时，并祈求风调雨顺，去病除害，五谷丰登。

图41　分龙节（覃奕　摄）

吃夏至面　中国民间有"冬至馄饨夏至面"的说法，夏至时新麦已经登场，所以夏至吃面有尝新的意思，同时亦有养生功效，南方民间还有吃"麦粽"与"夏至饼"的习俗。

图42　夏至吃面（赵东山　摄）

三、田园景观

"夏至杨梅满山红"，夏至前后正是品尝杨梅的最佳时间。盛夏，摘下一颗新鲜杨梅丢进嘴里，咬开的瞬间汁水就会充满口腔，鲜甜甘冽；接着，又有一丝酸味萦绕舌尖。"众口但便甜似蜜，宁知奇处是微酸"，南宋诗人方岳在《次韵杨梅》里早已道出其中滋味。中国杨梅看浙江。浙江地处亚热带中部，雨热充足，加上山地丘陵中的黄壤和红壤，非常适合杨梅生长。仙居、萧山、慈溪、余姚、兰溪等地都是杨梅产地，每年六月会联合举行"六月杨梅红"系列活动。其中仙居杨梅栽培系统被列入第三批中国重要农业文化遗产。

图43　游客在浙江绍兴杨梅村的杨梅基地采摘杨梅（史家民　摄）

"夏至食个荔，一年都无弊"。夏至吃荔枝是岭南习俗。梁代高僧竺法真在他的《登罗浮山疏》里提到，"荔枝以冬青，夏至日子始赤，六七日可食。甘酸宜人。其细核者，谓之焦核，荔枝之最珍也。"全球每5颗荔枝，就有1颗来自茂名，作为全球最大荔枝优势产区，广东茂名夏至进入了"甜蜜季节"，荔枝园里，万亩连绵的荔枝林海一片火红；合作社里，一箱箱堆放整齐的荔枝正等待发往全国。夏至来到茂名，就如同进入一片荔枝大观园，从荔枝园到荔枝宴，视觉、味蕾将被双重满足。

图44　茂名荔枝成熟（刘国兴　摄）

鸟语竹阴密　雨声荷叶香

小暑，二十四节气中的第十一个节气，通常在每年7月6日至8日，太阳到达黄经105°进入小暑节气。小暑，意味着气温持续升高、酷暑天气来临。民谚云"小暑大暑，上蒸下煮"，气候闷热潮湿。小暑分三候：一候温风至，骄阳烤地、风挟热浪；二候蟋蟀居壁，蟋蟀羽翼已成，在房檐、屋角下叫个不停；三候鹰始鸷，雏鹰羽翼已丰满，飞向高空开始练习捕食之技。

一、农业生产

（一）粮棉油

"小暑不热，五谷不结。"小暑时节，全国大部分农作物都进入生长最为旺盛的时期，小暑期间高温多雨的气象条件激发了作物的生命活力，丰富的光热资源和雷雨、台风带来的降水利于水稻、棉花、玉米等秋熟作物生长发育，但有时也会带来不利的影响，要加强田间管理，做好防治病虫害、抗旱防涝等工作，控制棉花等作物过度生长。

东北地区小麦处于灌浆期，适时浇灌，水稻开始拔节，肥水结合促平衡；玉米大喇叭口期进行追肥，化控促根防倒；大豆开花期保花保荚。**西北地区**玉米壮秆促穗，扩容增粒；棉花盛花期、花铃期滴灌少量多次，中耕除草，施肥蕾期轻，花铃期重。**黄淮海地区**水稻拔节孕穗期，要保障肥水的充足供给；玉米大喇叭口期追施氮肥；甘薯地上部化控防茎叶旺长，促块根膨大；大豆促分枝和花芽分化，干旱时灌水；棉花现蕾后期注意协调营养生长和生殖生长。**江淮地区**水稻分蘖拔节期，需控制无效分蘖，捉黄塘促平衡；春玉米籽粒灌浆期要排涝防渍，防止早衰，及时防治病虫；甘薯正值薯蔓并长期，要防旱防涝，补弱控旺；棉花现蕾后期，花铃前期注意协调营养生长和生殖生长。**江南、华南地区**早稻开始灌浆成熟，中稻分蘖、穗分化期，施足穗肥；晚稻开始移栽，施足基肥与分蘖肥；华南甘薯区秋薯育苗栽插期，确定栽插密度和施肥量，灌定根水；南部夏薯薯蔓并长，防涝防病。**西南地区**水稻拔节孕穗期，要合理水肥；春玉米灌浆成熟期，夏玉米穗分化期，注意防旱排涝，及时除草防病虫；春马铃薯膨大、淀粉积累期，及时清沟排水，防控晚疫病。

表71　小麦

地区	生长状况	主要农事
东北、西北（部分地区）	春小麦灌浆期	视情况适时浇灌，确保灌浆充分
西北（大部分地区）	成熟收获期	晚熟品种也全部收获
黄淮海、江淮、江南、华南、西南		小麦农闲期

表72 水稻

地区	生长状况	主要农事
东北	拔节、孕穗期	晒田后浅湿交替灌溉；肥水结合促平衡；防治病虫害；抽穗前25天因苗巧施穗肥，主攻大穗
西北	拔节、孕穗期	保持浅水层，干湿交替灌溉；追施氮肥；防除杂草；适度晒田
黄淮海	拔节、孕穗期	在晒好田的基础上，浅湿交替灌溉；肥水结合促平衡；抽穗前25天因苗施穗肥，主攻大穗；防治病虫害
江淮	分蘖期、拔节期	捉黄塘促平衡；人工除草或2次化学除草；结穗率达90%控水搁田；基部节间基本定长时复水，干湿交替；适时施促花肥；防治病虫害
江南、华南	早稻灌浆、成熟期，中稻分蘖、穗分化期，晚稻移栽、分蘖期	早稻九成黄收获；中稻施足穗肥；晚稻移栽，施足基肥与分蘖肥；针对各季做好病虫草害防治
西南	拔节孕穗、抽穗期	适时施穗肥；田间寸水；防治病虫害

表73 玉米

地区	生长状况	主要农事
东北	大喇叭口期、抽雄开花吐丝期	大喇叭口期进行追肥；化控促根防倒；防治病虫害；预防旱灾、涝灾等自然灾害
西北	大喇叭口期、抽雄开花吐丝期	大喇叭口期重施穗肥（每亩15～20千克尿素），花期酌施粒肥；灌水防旱防干热风；防治病虫害
黄淮海	拔节、穗分化、开花期	未采用缓控肥的大喇叭口期要追施氮肥；化控防倒伏；防治病虫害；防干旱高温危害，及时排涝防倒伏
江淮	籽粒灌浆期	喷施外源调节剂减轻高温高湿和高温逼熟；排涝防渍，防止早衰；及时防治病虫害
江南、华南	春玉米成熟收获期，秋玉米播种期	上中旬春玉米收获籽粒；中下旬秋玉米起畦整地，施底肥；避免连作

地区	生长状况	主要农事
西南	春玉米灌浆成熟，夏玉米穗分化至籽粒形成期	春玉米防旱排涝，及时收获倒伏、倒折果穗，分期收获成熟玉米；夏玉米防旱排涝，及时除草防病虫

表74　油菜

地区	生长状况	主要农事
西北	开花至角果期	防菌核病、霜霉病；结合防病喷施叶面肥；视情况灌水
黄淮海、江淮、江南、中南、西南		油菜农闲期

表75　马铃薯、甘薯

地区	生长状况	主要农事
东北（甘薯）	茎叶盛长期与薯块膨大期	排涝降湿，防旱；控旺长，除杂草；防病虫害
西北（马铃薯）	薯块膨大期、植株开花期	注意抗旱；培土除草；防晚疫病及虫害；后期追肥
黄淮海（甘薯）	薯块薯蔓并长期	地上部化控防徒长；防旱排涝；喷药防治虫害；中耕除草
长江中下游（甘薯）	蔓薯并长期	防旱防涝；补弱控旺；追施钾肥；防虫保叶
江南、华南（马铃薯）		农闲
华南（甘薯）	秋薯育苗期、栽插期，南部夏薯薯蔓并长期	冬薯清沟排渍防病虫草害；秋薯确定栽插期、密度和施肥量，追施平衡肥，灌定根水；夏薯及时收获
西南（马铃薯）	春薯膨大、积累、收获期，秋薯始播期	高山高原区晚春薯加强田间管理，及时清沟排水，防控晚疫病；丘陵低山区晚春薯收获；部分山区秋薯中下旬播种
西南（甘薯）	封垄结薯初期	封垄前中耕、除草与培土；防旱降渍；注意防治病虫

二十四节气农事手册

表76　大豆

地区	生长状况	主要农事
东北、西北	开花期	使用矮壮素控株型；干旱时及时浇水；检查田间菟丝子
黄淮海、江淮	分枝期、花芽分化	单双子叶杂草同时化学防除；干旱时灌水；防治虫害
江南、华南	出苗期、分枝期	防治虫害；化学除草；间苗；整治田间水沟
西南	鼓粒期	防治食叶害虫；及时抗旱；防治田间锈病

表77　棉花

地区	生长状况	主要农事
黄淮海、长江中下游	现蕾后期、花铃前期	初花期重施肥；遇旱浇水、遇涝排水；中耕培土，月末适时打顶，因苗化控前轻后重；结合叶面肥防治病虫害
西北	盛花期、结铃期	滴灌少量多次或沟灌两次；中耕施肥蕾期轻花铃期重；上、中间视长势打顶，化控两次前轻后重；结合叶面肥防治病虫害

（二）果蔬茶

农谚说，"小暑大暑七月间，追肥授粉种菜园"。小暑来临，雷暴天气多发，应做好各种果蔬田间管理的工作，根据长势追肥、防治病虫。

果树　东北、西北地区果园要防治病虫害，压青施肥，深翻土壤。苹果夏季修剪，疏除密枝和徒长枝，生草果园及时刈割。葡萄进行夏季整形，监测叶螨、红蜘蛛、蚜虫和轮纹病、褐斑病、炭疽病、腐烂病等。**黄淮海地区**成龄苹果园，果实套袋，注意排水，适时追肥，防治病虫害。葡萄及时摘心，及时疏除徒长枝和多余的营养枝，保证施肥、供水。正值果实膨大期、秋梢萌发期的柑橘，要及时修剪促梢，防治病虫害和抗旱防涝。**江淮地区**柑橘续施壮果促梢肥，夏季修剪，重点修剪徒长枝。**江南、华南地区**梨、桃等果品及露地西瓜、甜瓜适时采收。

蔬菜　东北、西北地区萝卜种植和大棚秋番茄、辣椒、茄子育苗处于关键时期，注意防雨、遮阴及病虫害防治，做到旱能浇、涝能排。主要监测与防治疫病、病毒病，以及小菜蛾、伏蚜、棉铃虫、棉盲蝽象等害虫。**黄淮海**

地区做好田间清沟排水防涝和防旱工作，做到蔬菜旱能浇、涝能排。高山四季豆、辣椒、茄子逐步进入采收期，做好适时采收。采摘期防治病虫害注意选择低毒低残留农药，严格控制农药安全间隔期。

茶 江淮、江南、华南地区利用作物秸秆、山草、绿肥等材料做好茶园行间土壤覆盖、遮阴，减少水分蒸发，保持土壤湿度。茶园遇暴雨时，及时清沟排涝，做到排深水，排彻底，防止水淹、土壤冲刷或根系外漏现象发生。

（三）畜鱼蚕

农谚说，"雨落小暑头，干死庄稼渴死牛"。养殖户要重点关注养殖环境变化，合理控制养殖密度，调节畜舍、蚕房的温度和湿度，开展池塘增氧工作。

天气炎热易引发畜禽热应激，处理不当会造成畜禽死亡，严重影响养殖收益。因此，要根据当地环境适时减少饲养量或降低养殖密度，以减少畜舍内氨气、硫化氢、甲烷等有毒有害气体的浓度。可增加通风或换气次数，既能有效降低有毒有害气体的浓度，又能起到降温作用。另外，要为畜禽提供充足且干净的饮水。牧区放牧尽量避开中午高温，放牧场内应设置遮阳设施。

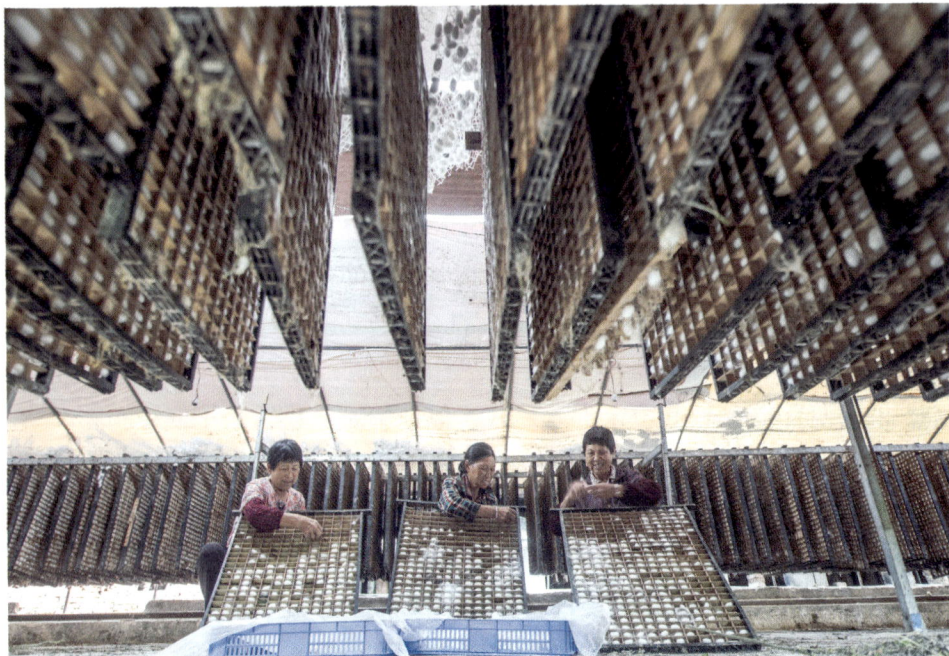

图45 养蚕合作社的农户在摘蚕茧（蒋克青 摄）

小暑过后，中午江水变热，此时鱼也比较活跃。在捕鱼时，个体较大的鲢鱼、鳙鱼、鲤鱼会翻出水面，甚至撞破渔网逃生。黑龙江、乌苏里江流域，渔民利用鱼躲藏在稳流江底安身的特性，早晚捕鱼，收获颇丰。在炎热天气和潮湿气候下，要更加关注鱼塘水温变化和水质指标，预防鱼类疾病和水体缺氧等情况。

最早一批养殖的夏蚕在小暑节气开始吐丝结茧。尚未结茧的蚕也达到了五龄期。由于气温高、湿度大，各种病菌极易繁殖，因此要注意蚕房的通风，降低室温，最大程度地确保夏蚕顺利结茧。柞蚕上山后遇干旱无雨天气，应实行人工补水抗旱。补水的水源应选择干净的井水或泉水，每日早晚对有蚕的枝叶进行喷洒，补水量以水能滴下为宜。

二、农村民俗

"倏忽温风至，因循小暑来。"夏至三庚数头伏，恰好在小暑期间。为了平安度夏，民间有着丰富多彩的民俗活动。

初伏节 黑龙江省北安市主星乡朝鲜族会在入伏的第一天，举办初伏节，以此来祈盼丰收。

游伏 山西省忻州市五寨县有"游伏"的风俗。初伏第一天，家家户户扶老携幼，出门游玩，徜徉于大自然间。"游伏"还有一层含义，因为"伏""福"同音，"游伏"也就是"游福"，象征着"有福"。

小暑还有许多与避暑养生相关的食俗。南方地区有吃蜜汁藕、黄鳝的习俗，此时黄鳝最肥美，也最滋补，对人身体最有裨益。江苏徐州

图46 吃"暑疙瘩"（程全 摄）

有吃暑羊的习俗，在当地民间有"彭城伏羊一碗汤，不用神医开药方"的说法。河南省博爱县当地群众有吃"暑疙瘩"的习俗，他们用韭菜、鸡蛋和烫面包成蒸角，用经过发酵的面粉包上白糖、芝麻、核桃仁做成"暑疙瘩"，用绿豆、面粉做成豆花疙瘩汤，起到防暑作用，并希望家人平安添福。

图47　伏羊节（刘冰　摄）

三、田园景观

"荷风送香气，竹露滴清响。"小暑时节，荷花开放，从南到北，处处荷韵。热浪汹涌的季节，湖北洪湖是荷的海洋，无论是宽广的百里水域，还是狭窄的水洼，到处都有荷的身影，仿佛荷就是洪湖的文化诠释和灵魂所在。洪湖是少有的未被污染的淡水湖泊，有着自然纯朴的原始生态美，2008年被列入"国际重要湿地"。

图48 洪湖上的游客赏荷采莲（王欣 摄）

雨热同季　丰收可期

大暑，二十四节气中的第十二个节气，通常在每年7月22日至24日，太阳到达黄经120°进入大暑节气。大暑意味着天气炎热至极，是一年中天气最热、湿气最重的时节，农作物迅速生长，抗旱排涝防台风和田间管理任务繁重。大暑分三候：一候腐草为萤，腐草上孵出萤火虫；二候土润溽暑，土地潮湿、天气闷热；三候大雨时行，暴雨阵阵来袭。

一、农业生产

（一）粮棉油

"禾到大暑日夜黄"。江南双季稻区正值"双抢"时节，在高温环境下，需要对早稻及时收获，为晚稻插播争取时间。大暑节气旱、涝、风等灾害也最为频繁，此时正处于"七下八上"防汛关键期，尤其要防范洪涝灾害。农田要做好排涝和病虫害防治工作，对涝灾频发的地块，要适时改种其他抗涝作物。

东北地区水稻拔节、孕穗期，注意防治病虫，巧施穗肥；玉米抽雄开花吐丝期，需保证水肥供应；甘薯茎叶生长期与薯块膨大期，控旺长除杂草。**黄淮海地区**水稻拔节孕穗期，保障肥水的充足供给；棉花现蕾后期，花铃前期，防旱排涝，合理水肥。**西北地区**水稻拔节、长穗期追施氮肥，防除杂草；玉米大喇叭口期重施穗肥，抽雄开花吐丝期酌施粒肥；马铃薯薯块膨大期注意抗旱，培土除草，后期追肥。**江淮地区**水稻处于分蘖拔节期，基部节间基本定长时复水，适时施促花肥，防治病虫害；大豆分枝期、花芽分化期，干旱时灌水，防治虫害；棉花花铃前期，中耕培土，月末适时打顶。**西南地区**水稻开始抽穗，适时施穗肥，防治病虫害；春马铃薯进入积累、收获期，秋薯始播。**江南、华南地区**早稻九成黄收获，中稻、晚稻分别施穗肥与分蘖肥，同时做好病虫害防治；夏大豆进入分枝期，化学除草。

表78　小麦

地区	生长状况	主要农事
东北、西北（部分地区）	春小麦灌浆期	视情况适时浇灌，确保灌浆充分
西北（大部分地区）、黄淮海、江淮、江南、华南、西南		小麦农闲期

表79 水稻

地区	生长状况	主要农事
东北	拔节、孕穗期	晒田后浅湿交替灌溉；肥水等结合促平衡；防治病虫害；抽穗前25天因苗巧施穗肥，主攻大穗
西北	拔节长穗期	保持浅水层，干湿交替灌溉；追施氮肥；防除杂草；适度晒田
黄淮海	拔节、孕穗期	在晒好田的基础上，浅湿交替灌溉；肥水等结合促平衡；抽穗前25天因苗施穗肥，主攻大穗；防治病虫害
江淮	分蘖期、拔节期	捉黄塘促平衡；人工除草或2次化学除草；结穗率达90%控水搁田；基部节间基本定长时复水，干湿交替；适时施促花肥；防治病虫害
江南、华南	早稻灌浆、成熟期，中稻分蘖、穗分化期，晚稻移栽、分蘖期	早稻九成黄收获；中稻施足穗肥；晚稻移栽，施足基肥与分蘖肥；针对各季做好病虫草害防治
西南	拔节孕穗、抽穗期	适时施穗肥；田间寸水；防治病虫害

表80 玉米

地区	生长状况	主要农事
东北	大喇叭口期、抽雄开花吐丝期	大喇叭口期进行追肥；化控促根防倒；防治病虫害；预防旱灾、涝灾等自然灾害
西北	大喇叭口期、抽雄开花吐丝期	大喇叭口期重施穗肥每亩15～20千克尿素，花期酌施粒肥；灌水防旱防干热风；防治病虫害
黄淮海	拔节、穗分化、开花期	未采用缓控肥的大喇叭口期要追施氮肥；化控防倒伏；防治病虫害；防干旱高温危害，及时排涝防倒伏
江淮	籽粒灌浆期	喷施外源调节剂减轻高温高湿和高温逼熟；排涝防渍，防止早衰；及时防治病虫害
江南、华南	春玉米成熟收获期，秋玉米播种期	上中旬春玉米收获籽粒；中下旬秋玉米起畦整地，施底肥；避免连作
西南	春玉米浆成熟期，夏玉米穗分化至籽粒形成期	春玉米防旱排涝，及时收获倒伏、倒折果穗，分期收获成熟玉米；夏玉米防旱排涝，及时除草防病虫害

表81 油菜

地区	生长状况	主要农事
西北	开花至角果期	防菌核病、霜霉病；结合防病喷施叶面肥；视情况灌水
黄淮海、江淮、江南、中南、西南		油菜农闲期

表82 马铃薯、甘薯

地区	生长状况	主要农事
东北（甘薯）	茎叶盛长期与薯块膨大期	排涝降湿，防旱；控旺长，除杂草；防病虫害
西北（马铃薯）	薯块膨大期、植株开花期	注意抗旱；培土除草；防晚疫病及虫害；后期追肥
黄淮海（甘薯）	薯块薯蔓并长期	地上部化控防徒长；防旱排涝；喷药防治虫害；中耕除草
长江中下游（甘薯）	蔓薯并长期	防旱防涝，补弱控旺，追施钾肥，防虫保叶
江南、华南（马铃薯）		马铃薯农闲期
华南（甘薯）	秋薯育苗期、栽插期，南部夏薯薯蔓并长	冬薯清沟排渍防病虫草害；秋薯确定栽插期、密度和施肥量，追施平衡肥，灌定根水；夏薯及时收获
西南（马铃薯）	春薯膨大、积累、收获期，秋薯始播期	高山高原区晚春薯加强田间管理，及时清沟排水，防控晚疫病；丘陵低山区晚春薯收获；部分山区秋薯中下旬播种
西南（甘薯）	封垄结薯初期	封垄前中耕、除草与培土；防旱降渍；注意防治病虫

表83 大豆

地区	生长状况	主要农事
东北、西北	开花期	使用矮壮素控株型；干旱时及时浇水；检查田间菟丝子
黄淮海、江淮	分枝期、花芽分化	单双子叶杂草同时化学除草；干旱时灌水；防治虫害
江南、华南	出苗期、分枝期	防治虫害；杂草化除；间苗；整治田间水沟
西南	鼓粒期	防治食叶害虫；及时抗旱；防治田间锈病

表84　棉花

地区	生长状况	主要农事
黄淮海、长江中下游	现蕾后期、花铃前期	初花期重施肥；遇旱浇水、遇涝排水；中耕培土，月末适时打顶，因苗化控前轻后重；结合叶面肥防治病虫害
西北	盛花期、结铃期	滴灌少量多次或沟灌两次；中耕施肥，蕾期轻花铃期重；上、中旬视长势打顶，化控两次，前轻后重；结合叶面肥防治病虫害

（二）果蔬茶

农谚说，"大小暑，果旺季，注意预报谨防雨。"各地降水非常不均匀，果、蔬、茶管理必须视天气情况来定。干旱的地区需要注意补足水分，降水多的地方要防范烂根现象。

果树　东北、西北地区苹果和桃等早熟品种开始成熟、采收，同时进行夏季修剪、中耕除草、追肥灌水、压青施肥、深翻土壤、维修树盘，加强果树病虫害监测和防治。旱作果园通过整地、打孔、填孔、铺膜、集雨等措施集雨保墒。苹果矮化果园对幼树进行摘心修剪，主要监测与防治苹果轮纹烂果病、炭疽病、斑点落叶病和金纹细蛾、卷叶蛾、食心虫、红蜘蛛等。**黄淮海地区**苹果树、梨树成龄园加强排水，适时采收，采收后适量施肥、浇水，在成熟前20天左右于树盘周围盖上薄膜，控制土壤水分，减少多雨天气裂果。对葡萄未停止生长的结果枝和营养枝及时摘心，疏除徒长枝和多余的营养枝，绑蔓，适量施肥、供水。**江淮、江南、华南地区**柑橘防高温干旱，防治炭疽病、树脂病、锈壁虱、矢尖蚧、潜叶蛾、黑刺粉虱、天牛等病虫害。

蔬菜　东北、西北地区蔬菜生长处于需水关键期，要加强水肥管理。开始种植秋芥菜，利用凉爽气候促进生长，避免早霜影响。**黄淮海地区**高山大棚种植的番茄、辣椒注意通风降温，采摘后加强追肥。高山四季豆、辣椒、茄子进入采收期，做好适时采收、排水防涝和防旱工作。低海拔秋季四季豆及时播种。低海拔大棚种植蔬菜注意通风降温。**黄淮海、江淮地区**大棚菜地翻地、施药，浇水、覆膜、闷棚。露地蔬菜要浇水、施肥，加强植株管理，及时采收。

茶　江淮、江南、华南地区生产茶园宜及时嫩采，分批留叶采。更新茶园及幼龄茶园以留养为主，分批打顶。利用作物秸秆、山草、绿肥等材料做好茶园行间土壤覆盖、遮阴，减少水分蒸发，保持土壤湿度，有利于土壤有益微生物繁殖，熟化土壤，提高肥力。水源充足且有条件进行灌溉的茶园，可在清晨、傍晚进行灌水，利用灌溉补水降温，抗旱防旱。及时疏通茶园沟渠，防止水淹、土壤冲刷或根系外漏等现象发生。

（三）畜鱼蚕

大暑时节，首要任务就是做好饲养动物的防暑降温工作。鱼类快速生长，把握好投喂量与水体质量间的关系。此时养蚕难度大，蚕容易生病。

畜禽养殖场要注重防暑降温工作，除了搭建遮阳棚、增大通风量、降低饲养密度等措施外，还应采用洒水、喷雾、喷淋、滴水、水帘等方式进行物理降温，但要注意避免畜禽发生感冒。天气炎热，畜禽的饮水量增加，应定期更换清凉、洁净的水源，为畜禽提供充足的清洁饮水。有条件的养殖户可在饮水中添加维生素、电解质、葡萄糖等营养物质，以缓解高温环境对畜禽造成的热应激影响。

水产养殖户根据投放和生长情况计划捕捞成鱼。捕捞尽量选择在下半夜、黎明或早晨，此时天气凉爽、水温较低、对鱼类伤害较小。此时也是病虫害滋生蔓延的时期。农谚说，"大暑小暑天气热，防治鱼病要施药。"随着气温逐渐升高，饲料投喂增多，各种细菌性、病毒性和寄生虫性病害都易滋生，若此时水质控制不当，预防措施不力，会造成鱼病的大面积流行。因此要十分注意水质变化，及时投放水质调节剂或药物，严防出现缺氧浮头，甚至死鱼状况。

图49　百牛渡江，防暑降温（刘永红　摄）

家蚕对温度要求比较高，闷热潮湿的环境极大增加了桑蚕患中肠型脓病、黑尾病等疾病的概率，因此要增加通风、降温和除湿设施，保持蚕房适宜的温度和湿度。农谚有"大暑蛾子立秋蚕"，柞蚕夏蚕到大暑后便结茧羽化成蛾。破茧后的蛾即将产卵，要做好秋蚕的养殖准备工作。夏季高温高湿环境易使柞蚕蛾子患上脓病、微粒子病等，因此要用稀释的福尔马林等进行消毒。

二、农村民俗

"大暑三秋近，林钟九夏移。"大暑，比之小暑，更加闷热，相应的避暑习俗更加丰富。

喝伏茶　伏茶，顾名思义，是三伏天喝的茶，由金银花、夏枯草、甘草等十多味中草药煮成，清凉祛暑。古时人们将伏茶放在村口的凉亭，免费给来往路人喝。如今在温州，这个习俗被保留下来并发扬光大。

图50　喝伏茶（苏巧将　摄）

晒伏姜　晒伏姜习俗源自山西、河南等地，人们会把生姜切片或者榨汁后与红糖搅拌在一起，装入容器中蒙上纱布，于太阳下晾晒，充分融合后食用，对老寒胃等有奇效，并有温暖保健的功效。

送"大暑船" 因为暑热可能带来疫病，在浙江台州地区每年都有送"大暑船"的习俗。人们造大暑船，在其上备神龛、香案以及一应俱全的船上生活用品，举行迎圣会，其意是把"五圣"送出海，送暑保平安。

全国各地还有很多大暑食俗。比如，山东南部地区有在大暑到来这一天"喝暑羊"（即喝羊肉汤）的习俗。浙江台州椒江人还有大暑节气吃姜汁调蛋的风俗，姜汁能祛除体内湿气；也有老年人喜欢吃鸡粥，谓能补阳。福建莆田人在大暑时节有吃荔枝、羊肉和米糟的习俗，叫作"过大暑"。广东多地在大暑时节有"吃仙草"的习俗。

图51　送大暑船（陶国富　摄）

三、田园景观

大暑正值盛夏，被誉为中国薯都的乌兰察布，成片种植的马铃薯进入开花期。马铃薯作为乌兰察布市的支柱产业，成片的马铃薯花也是一道亮丽的风景。放眼望去，白色和紫色的花瓣衬托着淡黄花蕊，和着微风摇曳，连绵成花的海洋，景色宜人。

图52　乌兰察布市察右前旗玫瑰营镇马铃薯进入开花期（乌兰察布市　供图）

"一候腐草为萤"。每到大暑时节，由于气温高又有雨水，细菌容易滋生，许多枯死的植物潮湿腐化，到了夜晚，经常可以看到萤火虫在腐草败叶上飞来飞去寻找食物。位于成都邛崃的天台山，被称作"全球八大萤火虫观赏地"之一、"亚洲最大萤火虫观赏基地"。夜色降临之时，草丛树木间"星光点点"，成千上万的绿色星点，就在身边绽放，荧光闪烁，蔚为壮观。穿梭在充满萤火的小径，流萤飞舞，像一场如梦似幻的星河之旅。

图53　天台山肖家湾"萤光星海"（邛崃市　供图）

垄香禾半熟　原迥草微衰

立秋，二十四节气中的第十三个节气，通常在每年8月7日至9日，太阳到达黄经135°进入立秋节气。"立"是开始之意，"秋"意为禾谷成熟。立秋标志着秋季的开始。此时，暑去凉来，自然界中的万物开始由繁茂生长转向落果成熟。然而，由于"秋老虎"短期回热天气的影响，立秋后仍会有持续高温出现，农民应适时灌溉，谨防农作物因干旱缺水而减产。立秋分三候：一候凉风至，夜晚暑热之气减退，天气逐渐干爽、微凉；二候白露降，薄雾蒙蒙，清晨的植株上凝结着晶莹的露珠，浸润天地；三候寒蝉鸣，金风始至，初酿其寒，寒蝉之声若断若续。

一、农业生产

（一）粮棉油

"立秋雨淋淋，遍地是黄金。"立秋时节，各种农作物生长旺盛，春播作物即将迎来成熟期，夏播作物迎来了生殖生长的关键时期。作物对水分的要求都很迫切，要及时补灌，防止受旱减产。

东北地区水稻处于抽穗期，要交替灌溉，适量追肥，预防低温冷害；春玉米处在籽粒形成的关键阶段，要及时追施穗肥，防治虫害鼠害；春小麦已经成熟，要适时收获，及时晾晒脱水。**西北地区**棉花处于盛铃期，要做好棉田化学调控，防治病虫害和僵铃烂铃；油菜开始进入成熟期，要适时收获，确保菜籽质量。**黄淮海、江淮地区**大豆开花期要抗旱排涝，适时追肥，防治豆荚螟和食叶害虫；春玉米及时收获，**黄淮地区**夏玉米开花吐丝期，**江淮地区**夏玉米抽雄期，追施花粒肥，适时灌溉，防治病虫害。**江南、华南地区**中稻孕穗期田间保持寸水层、预防高温；晚稻分蘖期及时复水，早施分蘖肥；夏大豆初花期用好促花肥，防治食叶害虫，及时灌水防旱。**西南地区**春玉米抢晴收获，夏玉米灌浆期做好田间排灌、防倒伏，看苗补肥；春油菜结角期预防鸟害、畜害，防治虫害；春马铃薯加强田间管理、抗旱排涝，防控晚疫病；秋马铃薯做好播种和苗期管理，补足肥水。

表85　小麦

地区	生长状况	主要农事
东北、西北（部分地区）	春小麦成熟收获期	分段或联合方式适时收获，及时晾晒脱水
西北（大部分地区）、黄淮海、江淮、江南、华南、西南		小麦农闲期

表86　水稻

地区	生长状况	主要农事
东北	一季稻抽穗期	间歇通气灌溉；防低温冷害；根据叶色长势施用粒肥；重点防治稻瘟病、稻曲病

（续）

地区	生长状况	主要农事
西北	一季稻抽穗期	间歇通气灌溉；防低温冷害；追施氮肥；重点防治稻瘟病
黄淮海		间歇通气灌溉；注意预防高温；根据叶色长势施用粒肥；重点防治稻瘟病、稻曲病
江淮	拔节长穗期	适时施保花肥；干湿交替灌溉；严防病虫害；预防抽穗前后高温危害
西南	早茬水稻蜡熟期、晚茬水稻灌浆期	早茬水稻防洪防涝；晚茬水稻适时断水、撤水晒田、加强病虫害防控
江南、华南	中稻孕穗期、晚稻分蘖期	中稻保持田间寸水、预防高温；晚稻栽后5～7天及时复水，保持田间寸水层，施分蘖肥

表87　玉米

地区	生长状况	主要农事
东北	春玉米籽粒形成期	浅耕除草；及时追施穗肥；防治三代黏虫、鼠害
西北		灌水避开大风天气；防治病虫害；根外追肥防早衰
黄淮海	春玉米收获期、夏玉米开花吐丝期	春玉米及时收获；夏玉米看苗追施花粒肥，遇阴雨寡照及时人工授粉，干旱适时灌溉，及时防治病虫害
江淮	春玉米收获期、夏玉米抽雄期	春玉米及时收获；夏玉米看苗追施花粒肥，及时防治病虫害
江南、华南	春玉米收获期、夏玉米开花吐丝期、秋玉米苗期	春玉米抢晴收获脱粒入库；夏玉米适时灌溉，促进抽雄吐丝；秋玉米灌溉保苗，追施苗肥
西南	春玉米成熟期、夏玉米灌浆期	春玉米抢晴收获脱粒；夏玉米做好田间排灌、防倒伏

表88　油菜

地区	生长状况	主要农事
西北	春油菜成熟期	及时收获，确保菜籽质量；籽粒及时干燥降低含水量、安全贮藏；秸秆粉碎还田
黄淮海、江淮、江南、中南	油菜农闲期	
西南	春油菜结角期	预防鸟害、畜害；防治菜青虫、蚜虫等虫害

立秋

113

表89　马铃薯、甘薯

地区	生长状况	主要农事
东北（甘薯）	薯块迅速膨大期	排涝降湿，防旱；看苗施氮肥防早衰；多用钾肥促长薯块、提升薯块品质
西北（马铃薯）	膨大期、淀粉积累期	注意抗旱；病虫害防治；追肥防衰，喷调节剂控茎叶徒长；中早熟品种收获
黄淮海（甘薯）	块根膨大期	喷施叶面肥；早衰田适当追施氮肥；防治飞虱、蚜虫和鳞翅目幼虫；遇旱轻浇
西南（甘薯）	块根膨大期	连晴高温天气注意抗旱；暴雨天气注意防水排涝；及时除草
长江中下游（甘薯）	薯块盛长期	沟施膨大肥；喷施叶面肥；化学控旺
江南、华南（马铃薯）		马铃薯农闲期
华南（甘薯）	秋薯发根缓苗栽插，南部夏薯收获期	秋薯清沟排渍，及时灌定根水，及时栽插、施肥、打药；夏薯及时收获
西南（马铃薯）	春薯膨大、积累、收获期，秋薯播种幼苗期	春薯加强田管、排水和防控晚疫病，晴日及时收获；秋薯播种，抢种增密、肥水要足，预防湿涝

表90　大豆

地区	生长状况	主要农事
东北	始荚期	拔除田间大草；根外追肥；抗旱排涝；防治豆荚螟和食叶害虫
西北	始荚期	根外追肥；抗旱排涝；防治豆荚螟和食叶害虫
黄淮海、江淮	开花期	适时追肥；抗旱排涝；防治豆荚螟和食叶害虫
西南	春大豆成熟期，夏大豆分枝期	春大豆准备收获机械，收获前一周使用脱节剂；夏大豆防治食叶害虫，及时抗旱排渍
江南、华南	初花期	遇干旱及时灌水

表91　棉花

地区	生长状况	主要农事
黄淮海	盛铃期	按"时到不等枝、枝到不等时"的原则适时打顶，调节株型、减少赘芽、改善通风透光条件；施盖顶肥、叶面肥防早衰；防治盲蝽等病虫害
长江中下游	盛铃期	中耕培土，弱势苗补施速效肥；适时打顶、整枝、去老叶、抹赘芽，以促正常吐絮，减少烂铃、落铃
西北	盛铃期	做好早衰棉田和贪青晚熟棉田化学调控和叶面调控；防治棉铃虫、棉叶螨及角斑、炭疽、僵铃烂铃等

（二）果蔬茶

进入立秋时节，由于持续高温，日照强烈，会出现干旱情况，间有暴雨，要特别加强果、蔬、茶的抗旱、防涝、追肥、中耕除草及防治病虫害等工作。

果树　西北地区果树要注重果树修剪、病虫害防治、喷药剂防掉叶、施用农肥。苹果处于果实膨大期或早熟品种收获期，及时刈割果园杂草，加强病虫害防控，早熟品种应及时采收并销售。**黄淮海、江淮地区**有农谚"立了秋，苹果梨子陆续揪"。幼年苹果园可间种油菜籽，扩大肥源，加速土壤熟化；沙地苹果园应用绿肥作物等进行地面覆盖，稳定土壤水分状况，提高土壤肥力。苹果园内需疏通沟渠，加强园内排水，加强对苹果炭疽病、轮纹病、霉心病、疫腐病、褐腐病和苹果食心虫等病虫害的防治。及时采收中晚熟葡萄品种。在葡萄转色至采收前，对于有裂果的果园，喷施农药，降低虫口密度，预防酸腐病。发现酸腐病要立即进行紧急处理，尽快剪除病穗或病粒，并带出果园处理。葡萄采摘后马上进行园内消杀，并及时施用硫酸钾复合肥和有机肥。**江南、华南、江淮地区**柑橘处于秋梢抽生、果实膨大期，橘园应加强保墒抗旱，做好嫁接准备，加强防治锈壁虱、矢尖蚧、天牛、吸果夜蛾及炭疽病、树脂病等。

蔬菜　西北地区农谚说"立秋栽葱，白露种蒜"。露地早熟白萝卜、白菜和大棚秋延后黄瓜种植，监测与防治病毒病、棉铃虫。**黄淮海、江淮地区**"立秋处暑，种菜莫误"。露地秋冬季大白菜可及时整地做畦直播或育苗移栽。幼苗出土后，适时间苗，施叶面肥，并及时浇小水，浅锄，防止龟裂，达到疏松土表、铲除杂草、保护根系的目的。加强大白菜苗期猝倒病、立枯病、黑腐病、炭疽病、蚜虫、菜青虫、小菜蛾等病虫害防治。秋萝卜、秋胡萝卜等也开始播种育苗，采用遮阳网、防虫网等措施减轻高温、暴雨、病虫等危害。

茶　江淮、江南、华南地区生产茶园应于茶树一芽二、三叶开展期，选择阴天或晴天的早晨、傍晚，根外追肥，喷施一次富含有机质不含激素的叶面肥。生产茶园分批勤采，及时嫩采，分批留叶采。茶园用稻草或山杂草覆盖和遮阴，以铺草后不见土为原则，抑制杂草生长，抗旱保湿保墒，以促进土壤有益微生物繁殖，熟化土壤，提高肥力，方便茶园管理和采摘。水源充足且有条件进行灌溉的茶园，可在清晨、傍晚进行喷灌、滴灌、浇灌，对降温抗旱防旱直接且有效。

（三）畜鱼蚕

农谚说，"秋后一伏，热死老牛"。立秋时节要做好牛羊放牧和畜禽防暑工作，保证鱼类养殖营养供给，着手准备秋蚕养殖工作。

养殖场与养殖户要注意畜舍的通风换气，保持环境干燥，并适时采取人工降温措施，避免过早撤除防暑设备，以防"秋老虎"侵袭影响畜禽健康。秋季是畜禽快速生长的关键时期，牧民要适当延长牛、羊、马的放牧时间，根据草场状况和牛、羊、马的体况，进行合理放牧。

鱼类新陈代谢旺盛，摄食量大，进入快速育肥长膘的阶段，要保证充足的饵料投喂，但也不可过度饲喂，具体投喂量要根据天气、水温、鱼的活动情况综合考虑，一般以投喂后2小时内将残饵吃完为宜。鲤鱼、鲫鱼、草鱼等均到达繁殖末期，即将停止产卵。

桑蚕的秋蚕养殖大致分为早秋蚕、中秋蚕和晚秋蚕。一般来说，多养早秋蚕，养好中秋蚕，看叶养晚秋蚕。秋蚕养殖要尽量选取生命力顽强、产量高的夏秋品种，降低因高温和后期少叶造成的损失。秋蚕饲养前要对蚕室和蚕具认真消毒，防止蚕病。在运柞蚕蚕种时要避免闷热，防日晒、雨淋、有毒气体等。柞蚕收蚁要在上午八点前收完，当日出，当日收。秋柞蚕蚁蚕体小，抵抗力弱，加之天气炎热，稍有不慎便会造成严重损失，因此放蚕上山时应先用阴坡，后用阳坡。

二、农村民俗

"风吹一片叶，万物已惊秋。"立秋时节，农作物陆续开始收获，此时还是夏秋转折的重要时间节点，民间有着丰富的风俗活动。

苗族赶秋　湘西花垣、凤凰和吉首等地的苗族会举行"赶秋"活动，人们穿上盛装，欢聚到秋坡上，打秋千、吹芦笙，歌舞欢娱，并选出两位有声望的人装扮成"秋老人"，给大家送去丰收祝福，祈望好收成。

贴秋膘　饮食方面，人们为了弥补夏季的透支、增强体质，开始"贴秋膘"，北方地区以肉类、面食为主，南方地区多食用河鲜、水果，沿海地区则进入享用海鲜的好时期。

立秋时节，全国各地还有其他形式多样的习俗，例如湖南、江西、安徽等地的山区有"晒秋"习俗；北京灵水村有办"秋粥节"习俗等。

图54　湖南湘西："苗族赶秋"闹金秋（龙恩泽　摄）

三、田园景观

　　进入立秋时节，呼伦贝尔大草原从一望无际的青绿开始变得青黄斑驳，牧民们忙着修剪羊毛，开始收割牧草。割草机将牧草成片放倒，形成"条纹地毯"。晾晒后，打捆机上场，所到之处草垛翻滚。

图55　内蒙古呼伦贝尔大草原上已经打好的草捆（余昌军　摄）

成片放倒，形成"条纹地毯"。晾晒后，打捆机上场，所到之处草垛翻滚。

　　"篁岭晒秋"是江西婺源篁岭村立秋时节一道亮丽的风景线。数百栋错落有致的徽派民居依山而建，从民居延伸出的晒楼架着晒匾，装满鲜红的辣椒、翠绿的豆角、金黄色的玉米、稻谷、黄豆和南瓜，让整个山村变成色彩斑斓的画卷。

图56　江西婺源篁岭晒秋景观（覃奕　摄）

离离暑云散　袅袅凉风起

处暑，二十四节气中的第十四个节气，通常在每年8月22日至24日，太阳到达黄经150°进入处暑节气。处暑意味着暑气消散，炎热结束。此时，早晚天气略带凉意，但处暑之后的"秋老虎"仍不容小觑。农民常言"处暑满田黄，家家修廪仓"，回望田间，硕果累累，稻谷飘香，一年丰收在望。处暑分三候：一候鹰乃祭鸟，雏鹰长成，开始捕食鸟类等猎物；二候天地始肃，自然万物开始凋零；三候禾乃登，农作物临近成熟。

一、农业生产

（一）粮棉油

"处暑禾田连夜变。"处暑是作物长势喜人、农民憧憬丰收的时节。全国大部分地区早晚温差日益加大，昼暖夜凉的条件对作物干物质的合成和积累十分有利，庄稼加速成熟。

东北地区单季水稻处于灌浆期，需要交替灌溉，保绿防衰，防病虫害；玉米也处于籽粒灌浆期，需防秋吊、早衰，促进灌浆；大豆盛荚期需灌溉抗旱，防病虫害。**西北地区**春油菜及时收获；棉花始絮期分次化控，适时停水停肥；玉米灌浆增重期，忌大风天灌水，防倒伏。**黄淮海、江淮地区**单季稻抽穗灌浆，防高温危害、防稻曲病和虫害；夏玉米籽粒形成期，防病虫害，防高温、台风危害；大豆要注意抗旱排涝，防食叶害虫。**江南、华南地区**中稻抽穗开花，早茬中稻准备收获，干湿交替管理；晚稻处于穗分化期，及时施穗肥；秋玉米灌溉保苗，追施苗肥。**西南地区**水稻灌浆期交替灌溉，养根保叶；夏玉米乳熟期喷药防治害虫杂草；油菜成熟期预防鸟害、畜害；春播马铃薯加强田管，防控晚疫病。

表92　小麦

地区	生长状况	主要农事
全国		春小麦、冬小麦农闲期

表93　水稻

地区	生长状况	主要农事
东北、西北、黄淮海	一季稻结实、灌浆期	间歇通气灌溉；防低温冷害；根据叶色长势施用粒肥；重点防治稻瘟病、稻曲病
江淮	孕穗、抽穗期	建立浅水层，施破口肥，防治稻曲病；严防病虫害；预防抽穗前后高温危害
西南	灌浆期	水分管理以浅湿交替为主，养根保叶；预防稻纵卷叶螟、稻粒黑粉病
江南、华南	中稻抽穗开花期、晚稻穗分化期	中稻保持田间寸水、预防高温；晚稻够苗及时复水后施穗肥

表94 玉米

地区	生长状况	主要农事
东北	籽粒灌浆期	查看旱情防止秋吊，采用田间滴灌、喷灌、沟灌等方式及时灌水；养根保叶防早衰，促进灌浆争粒重
西北	籽粒增重期	搞好水分、植保管理，关注天气预报，避免在大风天气灌水，防倒伏
黄淮海	夏玉米籽粒形成期	看苗追施花粒肥，遇阴雨寡照及时人工授粉，干旱适时灌溉，及时排涝防台风倒伏，及时防治病虫害
江淮		看苗追施花粒肥，及时防治病虫害
江南、华南	秋玉米苗期	灌溉保苗，追施苗肥
西南	夏玉米乳熟期	喷药防治害虫杂草

表95 油菜

地区	生长状况	主要农事
西北	春油菜收获期	及时收获，确保菜籽质量；籽粒及时干燥降低含水量、安全贮藏；秸秆粉碎还田
黄淮海、江淮、江南、中南		油菜农闲期
西南	春油菜成熟期	预防鸟害、畜害；防治菜青虫、蚜虫等虫害

表96 马铃薯、甘薯

地区	生长状况	主要农事
东北（甘薯）	薯块迅速膨大期	排涝降湿，防旱；看苗施氮肥防早衰；多用钾肥促长薯块、提升薯块品质
西北（马铃薯）	淀粉积累期	注意抗旱；病虫害防治；追肥防衰，喷调节剂控茎叶徒长；中早熟品种收获
黄淮海（甘薯）	块根膨大期	喷施叶面肥；早衰田适当追施氮肥；防治飞虱、蚜虫和鳞翅目幼虫；遇旱轻浇
西南（甘薯）		薯蔓并长，病虫草害防治，早栽甘薯收获
长江中下游（甘薯）	薯块盛长期	沟施膨大肥；喷施叶面肥；化学控旺
江南、华南（马铃薯）	备种	秋播种薯处理，整地施肥

地区	生长状况	主要农事
华南（甘薯）	秋薯发根缓苗栽插，南部夏薯收获	秋薯清沟排渍，及时灌定根水，及时栽插、施肥、打药；夏薯及时收获
西南（马铃薯）	春薯膨大、积累、收获期，秋薯播种幼苗期	春薯加强田管、排水和防控晚疫病，晴日及时收获；秋薯播种，抢种增密、肥水要足，预防湿涝

表97　大豆

地区	生长状况	主要农事
东北	盛荚期	拔除田间大草，根外追肥，抗旱排涝，防治豆荚螟和食叶害虫
西北		根外追肥，抗旱排涝，防治豆荚螟和食叶害虫
黄淮海、江淮	结荚期	适时追肥，抗旱排涝，防治豆荚螟和食叶害虫
西南	春大豆收获期，秋大豆播种期	春大豆准备收获机械，收获前一周使用脱节剂；夏大豆防治食叶害虫，及时抗旱排渍
江南、华南	夏大豆始荚期	遇干旱及时灌水

表98　棉花

地区	生长状况	主要农事
黄淮海	始絮期	施盖顶肥、微肥防早衰；雨后清沟、遇旱浇水；偏旺苗分次化控，打边心或摘晚蕾；防治棉铃虫等
长江中下游		遇旱浇、雨后排；盖顶肥、微肥防早衰；立秋前后打顶、去空枝赘芽适时化控；防治病虫害
西北		补施盖顶肥、叶面磷钾微肥防早衰；防治棉铃虫、棉叶螨及角斑、炭疽、僵铃烂铃等；稀植棉田去群尖，旺长棉田分次化控

（二）果蔬茶

处暑时节，大部分地区林果陆续进入成熟期，要抢抓农时，加强田间管理，加紧采摘。此时也是秋季瓜类、茄果类等蔬菜播种、育苗、栽植和田间管理的大忙季节。

果树 西北地区苹果早中熟品种、桃中晚熟品种和葡萄中熟品种成熟，做好果实的膨大、着色、增糖、适期采收等管理工作。此时病虫害对水果质量影响很大，要尽量用物理方法防治病虫害。**黄淮海地区**成龄梨树、苹果树、柿树勤中耕松土，适当补施磷、钾肥，注意排水。已套袋的果子摘纸袋、摘叶、转果、铺反光膜，适时采收。采后施肥，以有机肥为主，正所谓"秋施金，冬施银"。柑橘、枇杷正处于秋梢抽发期，以抗旱、促进果实和秋梢生长为中心。**江淮、江南、华南地区**柑橘园注意保墒抗旱，做好嫁接准备，防治锈壁虱、矢尖蚧、天牛、吸果夜蛾、炭疽病、树脂病等。

蔬菜 西北地区有农谚"处暑就把白菜移，十年准有九不离"。露地白菜、芹菜定植，温室番茄育苗。露地西葫芦种植或育苗，定植一个月即可采收。大棚蔬菜开始新一轮生产，整地、育苗、修补设施等逐渐开展。**黄淮海地区**有农谚"处暑萝卜白露菜，深种茄子浅栽葱"。育苗时要采用有防雨、防强光直射、防虫网等设施的大棚或小拱棚。三叶一心即可进行移植，移植前要喷送嫁药，防止蓟马等传播病毒，确保菜苗的生长。**黄淮海、江淮地区**露地春夏播种蔬菜采收末期，适当浇水、施肥，加强植株管理，抓紧采收上市。大棚秋播蔬菜育苗期，遮阳降温降湿，施用防虫网防虫。

茶 江淮、江南、华南地区茶园要尽快进行秋耕，农谚说："七挖金，八挖银"，秋挖可以消灭杂草，疏松土壤，提高保水蓄水能力。若再结合施肥，可使秋梢长得更好。

（三）畜鱼蚕

"处暑鱼速长，管理要加强。"提示人们做好畜禽的育肥工作，检测鱼塘水质和病害情况，加强秋蚕饲养管理工作。

处暑前后正值牧草成熟期，牛羊多采食抽穗结实的牧草，可快速育肥，达到"抓秋膘"的效果，不论是即将出栏还是留用越冬，都需要秋季育肥，保证牛羊膘肥体壮。处暑之后，随着气温逐渐降低，蚊虫再次活跃，养殖场要做好驱蚊灭蝇工作。同时，寄生虫病的发病率也有所上升，尤其要预防线虫、绦虫、血吸虫的感染，有条件的养殖场可以定期进行全面彻底的环境消毒，消灭病原虫，做好畜禽秋季防疫工作。

处暑后鱼类的生长加速，投喂量增多，要密切监测水体水质变化，尤其要注意细菌性肠炎、烂鳃病、出血病等疾病的暴发，以及寄生虫感染。昼夜温差进一步拉大，增氧作业不能缺少。

早秋蚕正值气温较高且空气干燥的时节，因此要做好降温补湿工作。若空气湿度低于50%，可用无菌水适量喷洒蚕室和蚕体，但避免频繁喷水。干燥天气可在中午喂蚕时结合添食抗生素，适当喂带水桑叶，补充蚕体水分。在养蚕过程中要严格淘汰病蚕和发育不良的蚕。早秋蚕主要供给桑枝条的下部分桑叶，以促进桑树枝条的持续生长，改善后续养蚕的桑叶质量。柞蚕养殖以每亩放养2 000~3 000只蚕为宜，要加强巡视检查，勤捡落地蚕，轻拿轻放。

图57　羊在金黄的草丛中悠闲觅食（杨永伟　摄）

二、农村民俗

"处暑方过夜新凉，几番秋雨送秋光。"处暑时节，伏天已过或接近尾声，进入"一层秋雨一层凉"的孟秋阶段。此时秋空明澈、秋云高远、秋水潋滟，人们拜谢土地、分食鸭肉、煎饮药茶，迎接处暑的清朗时光。

谢土地　处暑是农作物收获的时节，山西等地的一些村民会举行祭拜、插旗等仪式来拜谢土地公。

吃鸭 俗话说"七月半鸭，八月半芋。"处暑时节正是鸭子长成、极为鲜肥的时候。鸭肉味甘性凉，有清热去火、缓解秋燥的功效，因此处暑吃鸭成为普遍流传于中国南北各地的典型节令食俗。处暑正值秋收忙季，体力消耗较大，吃鸭进补，有利于及时补充体力，以应对繁重的农业生产任务。另外，因"鸭"和"压"字同音，"处暑送鸭，无病各家"，民间俗信，吃鸭还有消除疾病、压制灾祸的吉祥寓意。

图58　江西德兴：处暑到鸭子俏（卓忠伟　摄）

煎药茶 两广地区还流传着处暑"煎药茶"的习俗。人们在处暑时节前往药铺购买制作"药茶"需要的材料，带回家煎茶备饮。面对肆虐的"秋老虎"，这种特制药茶的苦寒之味，可达到祛火消食、清除肺热的功效。

三、田园景观

处暑三候为"禾乃登"。处暑前后，南方大部分地区都处于收割中稻的农忙时节。云南哈尼梯田区的稻谷陆续成熟，金黄色的稻浪迎着秋风在错落有致的梯田里层层翻滚，田野上飘来阵阵稻香，呈现一派丰收景象。

图59　云南红河州元阳县哈尼梯田稻谷成熟（陆忠　摄）

　　处暑时节，鱼虾贝类等已发育成熟，进入渔业收获时节。浙江省沿海地区每年在休渔期结束后会举办隆重的开渔仪式，也叫"开渔节"。人们通过祭祀仪式、歌舞表演、渔家盛宴等活动欢送渔民出海，期盼渔业丰收。此时渔船纷纷出港，汽笛长鸣、百舸齐发，非常壮观。

图60　象山开渔节渔船齐发（覃奕　摄）

露沾蔬草白　秋意渐浓时

白露，二十四节气中的第十五个节气，通常在每年9月7日至9日，太阳到达黄经165°进入白露节气。古人以四时配五行，秋属金，金色白，以白形容秋露，故名"白露"。时至白露，夏日的草长莺飞已经渐行渐远，寒生露凝，渐知秋实美，便有了"露沾蔬草白，天气转青高"的诗句。白露正值夏秋转折点，早晚温差较大，常出现秋季低温天气，要谨防作物低温冷害和病虫害。白露分三候：一候鸿雁来，大雁由北向南飞；二候玄鸟归，小燕飞向南方避寒；三候群鸟养羞，留鸟开始储食御冬。

一、农业生产

（一）粮棉油

"白露遍地金，处处要留心"，白露节气是收获与播种的季节。各种粮食作物渐渐成熟，等待开镰收获，需要加强田间管理，促进其成熟，规避低温霜冻危害；白露节气后，冷空气日趋活跃，常出现低温天气，需要注意防治秋雨造成的病害。

东北地区水稻处于乳熟期，需要交替灌溉保温，叶面喷肥防冷害；玉米乳熟期，防早衰，防风暴倒伏，晚熟玉米站秆扒皮晾晒促早熟；大豆鼓粒期抗旱排涝，防治豆荚螟、食叶害虫。**西北地区**棉花喷脱叶剂催熟，分批采收；玉米适时灌水，防旱防早衰防倒伏；大豆鼓粒期防旱排涝，防治食叶昆虫，拔除田间杂草，开始准备收获机械；水稻灌浆期干湿间歇灌溉，不可停水过早。**黄淮海、江淮地区**水稻乳熟期间歇通气灌溉，预防倒伏；夏玉米籽粒增重期，防病虫害，防止台风或雨后倒伏；大豆鼓粒期干旱时下午晚上灌水，根外追肥，防治食叶害虫。**江南、华南地区**中稻灌浆，交替灌溉，喷叶面肥，防冷害，晚稻孕穗期巧施穗肥；秋玉米小喇叭口期，排水防涝，及时灌溉抗旱，及早除蘖打杈，免伤茎叶；夏播大豆防治食叶害虫，根外追肥，干旱时及时浇水。**西南地区**水稻成熟期交替灌溉，收获前一周断水；夏播玉米籽粒增重期田间除草，通风透光，促进成熟脱水；秋大豆幼苗期抗旱排涝，单双子叶杂草同时化除，施用苗肥；春播马铃薯及时收获，常翻捡，剔除烂薯；低海拔山区和平坝区早播秋薯破休眠，覆膜种植，注意排秋涝，防"秋老虎"。

表99　小麦

地区	生长状况	主要农事
西北、黄淮海、江淮	冬小麦备种、播种	准备种子、农资、机械等；做好前茬作物水分管理；部分地区开始播种
东北、西南、江南、华南	春小麦、冬小麦农闲期	

表100　水稻

地区	生长状况	主要农事
东北、黄淮海、江淮	乳熟期	间歇通气灌溉；预防倒伏；根据品种成熟度和天气情况确定适宜收获期
西北	灌浆期	干湿间歇灌溉，不可停水过早；根据品种成熟度和天气情况，适时收获
西南	成熟期	九成黄收获；收获后立即晾晒或烘干，安全储藏
江南、华南	中稻灌浆期、晚稻孕穗期	中稻保持干湿交替；晚稻保持田间寸水，预防低温冷害；针对各季做好病虫草害防治

表101　玉米

地区	生长状况	主要农事
东北	乳熟期	预防由病虫害引起的早衰；预防倒伏，应及时采取人工绑缚等方法扶正；关注和判断熟期；做好收获准备
西北	籽粒增重期	避免大风天气，适时灌水防旱防早衰；预防倒伏；穗收玉米生理成熟、粒收玉米站秆脱水后适时收获
黄淮海、江淮	夏玉米籽粒增重期	防治病虫害；防止台风或雨后倒伏；完熟田块机械化收获
江南、华南	秋玉米小喇叭口期	排水防涝，及时灌溉抗旱；及早除蘗打杈，免伤茎叶；重施攻苞肥；防治病虫草害
西南	夏玉米成熟期	夏玉米田间去除杂草，通风透光，促进成熟脱水；抢晴收脱晒烘，贮藏或销售，防阴雨造成霉变；翻耕整地备下季

表102　油菜

地区	生长状况	主要农事
西北、西南	春油菜收获期	及时收获，确保菜籽质量；籽粒及时干燥降低含水量、安全贮藏；秸秆粉碎还田
黄淮海、江淮、江南、中南		油菜农闲期

白
露

表103　马铃薯、甘薯

地区	生长状况	主要农事
东北（甘薯）	茎叶渐衰与采挖期	防早衰；适时收挖，轻刨、轻装、轻运、轻放；防霜冻、防过夜、防病害
西北（马铃薯）	淀粉积累、表皮木栓化期	注意抗旱；病虫害防治；追肥防衰，喷调节剂控茎叶徒长；收获前10～15天杀秧
黄淮海（甘薯）	块根膨大后期	喷施叶面肥；早衰田适当追施氮肥；防治飞虱、蚜虫和鳞翅目幼虫；遇旱轻浇
西南（甘薯）	块根膨大盛期	连晴高温注意抗旱；雨天注意排水防涝；注意防治斜纹夜蛾等地上虫害
长江中下游（甘薯）	薯块盛长期	注意防旱；及时排涝；防早衰
江南、华南（马铃薯）	中北部秋薯播种出苗期	北部高寒山区要采用适宜方式播种；施腐熟农家肥及复合肥；覆膜保温保湿，烟熏
华南（甘薯）	秋薯分枝结薯期，南部夏薯收获期	秋薯及时灌水，追施平衡肥，化学除草，及时栽插、施肥，防治病虫害；夏薯及时收获、贮藏
西南（马铃薯）	春薯成熟收获期，秋薯播种幼苗期	春薯及时收获，常翻捡，剔除烂薯防腐；低山区和平坝区早播秋薯破休眠，覆膜种植，采用"底肥—道清"施肥法；注意排秋涝，防"秋老虎"

表104　大豆

地区	生长状况	主要农事
东北		抗旱排涝；防治豆荚螟、食叶害虫；准备收获机械
西北	鼓粒期	抗旱排涝；防治食叶昆虫；拔除田间大草；准备收获机械
黄淮海、江淮		干旱时下午和晚上灌水；根外追肥；防治食叶昆虫；准备收获机械
西南	秋大豆幼苗期	抗旱排涝；单双子叶杂草同时化除；施用苗肥
江南、华南	夏大豆鼓粒期	注意防治食叶害虫；根外追肥；干旱时及时浇水

表105　棉花

地区	生长状况	主要农事
黄淮海	吐絮期	雨后排水，除空枝赘芽和老叶，防烂铃；叶面喷肥防早衰；吐絮集中的棉田及时收获；贪青晚熟田施乙烯利促吐絮，防治病虫害
长江中下游		雨后排水，除空枝赘芽老叶，防烂铃；叶面喷肥防早衰；贪青晚熟田施乙烯利促吐絮，防治病虫害
西北		青晚熟田秋霜冻前15天趁暖催熟；回收滴灌带；机收棉喷脱叶催熟剂；北疆南疆先后开始收获

（二）果蔬茶

农谚说，"白露秋分夜，一夜冷一夜。"此时温度下降速度加快，常出现秋季低温天气，在做好果蔬茶及时采摘的同时，应预防病虫害和低温冷害。

果树　西北地区苹果秋剪，拉枝和改善光照，套袋果除袋，铺反光膜增色，防控枝干病害，中熟和晚熟品种及时采收。**黄淮海地区**秋果进入果实着色、成熟、采收期。果树秋梢停长，根系进入第三次生长期，可进行秋季修剪、割草覆盖、防治病虫、秋施基肥等。中北部旱作果园秋季浅沟施肥，以施有机复合肥、生物有机肥、农家肥为主。已套袋苹果适时摘袋，铺反光膜，促进果实着色，适时采收。中熟葡萄采前半个月不得灌水，可施叶面肥，停止喷药。晚熟葡萄不定期供水，接近成熟期和采收期时适当控水。及时摘除被害僵果并清除落地虫果，集中烧毁，做好病虫害防治。**江南、华南地区**果园深翻除草、种植绿肥，施基肥，幼龄果园间作，芽接，防病治虫。脐橙防裂果、红黄蜘蛛、蚧壳虫、椿象及炭疽病、褐腐病等，可选用杀虫剂＋杀螨剂＋杀菌剂＋钙元素叶面肥混合喷施。**西南地区**有农谚"八月中秋正卸梨"，提示做好苹果、梨的采收工作。

蔬菜　西北地区有节气歌"白露昼夜温差大，冬麦秋播别拖拉。早果采收基肥施，辣红茄紫核桃香。"**黄淮海地区**秋菜田间管理，冬播蔬菜育苗。洋葱育苗，南部地区可延迟到9月中下旬。露地四季豆、辣椒、茄子进入采收尾期，做好适时采收，防旱。大棚种植的番茄、辣椒到了采收后期，注意大棚保温延长采摘期，采摘后加强追施肥水。**黄淮海、江淮地区**要做好育苗工作，茄果类蔬菜最好采用集约化育苗，绿叶蔬菜种皮较厚要进行种子处理并浸水催芽。**江南、华南、西南地区**有农谚"萝卜白菜葱，多用大粪攻"，要给蔬菜施农家肥。

茶 江淮、江南、华南地区茶园及时采收茶叶，连续采摘的机采茶园应注意留养，以保持树势。有条件的茶园可在清晨、傍晚进行喷灌、滴灌、浇灌。做好采穗园管理，选择苗圃地，待前作收获后及时整地做苗床栽植穗条。

（三）畜鱼蚕

农谚说，"白露后，配牛羊。"白露时节，养殖户要做好牛羊配种、秋剪羊毛和牧草种植等工作，养鱼户要做好鱼塘增氧和换水工作，蚕农分批次开展中秋蚕养殖和柞蚕摘茧工作。

白露时节不仅是牲畜增膘的关键时期，也是牛羊配种的最佳时期。白露前后，秋季剪毛工作收尾，剪毛过晚不利于绵羊越冬。在陕西、河北、山西、山东等牧草一年两熟的地区，白露节气是牧草秋季种植的黄金时期，特别是对于黑麦草、紫花苜蓿等优质牧草，若错过了秋季播种，只能等到来年再种植。

图61 江苏如皋："中秋蚕"喜获丰收（徐慧 摄）

昼夜温差达10℃以上时，鱼类生长速度加快，也是寄生虫、细菌等病原生物的快速生长繁殖时期，加上水质波动变化大，水产养殖鱼极易暴发各种疾病，俗称"白露瘟"。因此要及时调节水质，喷洒消毒剂和杀虫药。夜晚鱼塘水面开始起雾，需开启增氧机进行补氧。

中秋蚕的饲养要合理规划批次，前后批次至少要隔半个月。不同时期、不同批次的家蚕要分室饲养，避免大小蚕混养。坚持蚕体、蚕室的定期消毒，蚕匾的替换洗晒，及时清除蚕沙。根据气候及家蚕病害情况，及时对症使用防治药物。秋柞蚕开始结茧，注意事项和春柞蚕一致，要及时做好窝茧和摘茧等工作。

二、农村民俗

"白云映水摇空城，白露垂珠滴秋月。"白露时节正值仲秋时节，人们顺天应时，形成了"吃白露饭""喝白露茶""喝白露酒"等一系列的"食白"传统，以及丰富多样的感念天地、感恩先贤、祈福丰收的习俗。

白露节　浙江部分地区有过"白露节"的习俗。浙江文成白露习俗是浙南山区农耕活动节气序列中，代表"秋收"的重要生产生活习俗，主要包括

图62　浙江武义：祭禹王（张建成　摄）

品尝新谷和路会两大活动。路会是在白露这一天，全村劳力一起劈草修路，吃白露饭。浙江温州平阳、苍南也有过白露节习俗，在白露期间酿米酒、挖番薯、吃芋头、采集"十样白"（10种白色药食同源物产）等。

祭禹王　太湖附近的渔民们将传说中的治水英雄大禹视为"水路菩萨"或"河神"，在白露节举行进香、酬神、送神等仪式来"祭禹王"，祈祷禹王保佑渔业丰收。

喝白露茶　白露前后，广西昭平、江苏南京等地的人们喜欢喝"白露茶"。此时茶树经过夏季的酷热，正值生长的好时期，茶叶泡出来有一种独特的甘醇清香。

喝白露酒　湖北孝感等地有喝"白露酒"的习俗，人们用糯米、高粱等五谷酿酒，甘甜温热，营养丰富。

三、田园景观

"白露白茫茫，谷子满田黄。"白露节气至，谷子成熟。内蒙古赤峰市敖汉旗是全球重要农业文化遗产地、世界小米之乡、全国优质谷子生产基地之一。白露时节，这里的谷子陆续进入收割季，金色谷田连绵不绝，像铺在大地上的一层金地毯。田间谷子根根笔直，谷粒圆润饱满。秋风拂过，一串串

图63　敖汉旗兴隆沟遗址附近谷子成熟（孙自法　摄）

沉甸甸的谷穗随风摇曳，卷起金色的波浪，呈现出一片喜人的丰收图景。

　　"白露下葡萄，秋分打红枣。"在四季分明、光照充足、温差明显、空气干燥的西北地区，白露时节温差大，果实糖化程度高，此时的葡萄最香甜，正是葡萄成熟的季节。新疆吐鲁番是重要的葡萄产区，约占全国五分之一的葡萄都产自这里。八公里长的葡萄沟仿若一条狭长的绿丝带，令人心旷神怡。在一年中最繁忙的葡萄丰收季，荒凉酷热的火焰山下，葡萄沟的树荫下，藤蔓交织，果实累累，金黄、紫黑、翠绿各色葡萄挂满枝头，宛如人间仙境。

图64　新疆吐鲁番葡萄沟秋日美景（姜晓明　摄）

天朗气清稻果香　锦绣神州年年丰

秋分，二十四节气中的第十六个节气，通常在每年9月22日至24日，太阳到达黄经180°进入秋分节气。秋分当天，太阳几乎直射地球赤道，全球各地昼夜等长。正如《春秋繁露·阴阳出入上下篇》中所说："秋分者，阴阳相伴也，故昼夜均而寒暑平。"秋分是秋熟作物灌浆和产量形成的关键时期，此时北方冷空气活动加剧，容易引发暴风雨、强对流天气等自然灾害，要多加防范。秋分分三候：一候雷始收声，雷鸣之声越来越少；二候蛰虫坯户，蛰居的小虫开始封堵洞口；三候水始涸，江河湖泊流水量变少，沼泽、水洼干涸。

一、农业生产

（一）粮棉油

"白露早，寒露迟，秋分种麦正当时。"秋分是秋收、秋耕、秋种的"三秋"大忙时节。"三秋"大忙，贵在"早"字。及时抢收作物可免受早霜冻和连阴雨的危害，适时早播冬作物可充分利用冬前的热量资源，培育壮苗安全越冬。稻麦二熟区域要及时抢收，确保颗粒归仓。收割后及时播种冬小麦。

东北地区水稻、玉米、大豆、马铃薯等作物处于成熟期，或即将成熟，要调配好劳力、机力，确保及时收获。**西北地区**棉花喷脱叶剂催熟，分批采收；玉米、大豆、水稻、马铃薯处于成熟期，适时开始收获；旱地冬小麦、冬油菜适时播种。**黄淮海、江淮地区**玉米、大豆、水稻适时收获，冬小麦开始播种。**江南、华南地区**中稻灌浆期，保持干湿交替，晚稻抽穗开花期，要保持田间寸水，预防低温冷害，做好病虫草害防治；秋玉米大喇叭口期重施攻苞肥，防治病虫草害。**西南地区**水稻、夏玉米、春马铃薯及时收获，秋马铃薯苗期及时喷药防控，除草培土，清沟降渍。

表106　小麦

地区	生长状况	主要农事
东北、西北（部分地区）		春小麦农闲期
西北（大部分地区）	旱地小麦备耕播种期	旱地旋地；适时适量播种，施足底肥；防治地下害虫；查苗补苗灌溉；备种备耕
黄淮海	始播期	前茬作物秸秆还田，确保质量；深耕深松打破犁底层；土地平整，上松下实，增施有机肥
江淮	播前准备	选用适宜良种，准备肥料、农药、机械等
江南、华南		准备种子、农资、机械等；前茬作物水分管理和秸秆处理

表107 水稻

地区	生长状况	主要农事
东北、黄淮海	蜡熟期	一般掌握在水稻出穗后40～45天，尽量在下霜前完成收获
江淮	灌浆期	灌水保温、根外喷肥，预防秋季低温冷害
西北	成熟期	根据品种成熟度和天气情况，适时收获
西南	收获期	九成黄收获；收获后立即晾晒或烘干，安全储藏
江南、华南	中稻灌浆期、晚稻抽穗开花期	中稻保持干湿交替；晚稻保持田间寸水，预防低温冷害；做好病虫草害防治

表108 玉米

地区	生长状况	主要农事
东北	蜡熟期	早熟玉米收获，晚熟玉米防早霜促早熟
西北、黄淮海、江淮	成熟期	适时收获，待籽粒干硬呈固有色泽、植株逐渐枯黄时，人工或机械收获
江南、华南	秋玉米大喇叭口期	重施攻苞肥；防治病虫草害
西南	夏玉米收获期	抢晴收脱晒烘，贮藏或销售，防阴雨天造成霉变；翻耕整地备下季

表109 油菜

地区	生长状况	主要农事
江南、中南	播种出苗、育苗期	移栽油菜苗床播种；留足、培肥苗床，精量匀播，按畦称重，浇足底墒水，细土盖籽
黄淮海、江淮		包衣或药剂拌种，施足底肥，由北向南适期适墒早播，封闭除草，防治菜青虫等，移栽油菜适期早栽
西南		适时播种，化学封闭除草，防治地下害虫，查苗补苗

秋分

表110　马铃薯、甘薯

地区	生长状况	主要农事
东北（甘薯）	茎叶渐衰与采挖期	防早衰；适时收挖，轻刨、轻装、轻运、轻放；防霜冻、防过夜、防病害
西北（马铃薯）	淀粉积累、表皮木栓化期	注意抗旱；病虫害防治；追肥防衰，喷调节剂控茎叶徒长；收获前10～15天杀秧
黄淮海（甘薯）	块根膨大后期	喷施叶面肥；早衰田适当追施氮肥；防治飞虱、蚜虫和鳞翅目幼虫；遇旱轻浇
西南（甘薯）	块根膨大盛期	连晴高温注意抗旱；雨天注意排水防涝；注意斜纹夜蛾等地上虫害防治
长江中下游（甘薯）	薯块盛长期	注意防旱；及时排涝；防早衰
江南、华南（马铃薯）	中北部秋薯播种出苗期	北部高寒山区要采用适宜方式播种；施腐熟农家肥及复合肥；覆膜保温保湿，烟熏
华南（甘薯）	秋薯分枝结薯期，南部夏薯收获期	秋薯及时灌水，追施平衡肥，化学除草，及时栽插、施肥，防治病虫害；夏薯及时收获、贮藏
西南（马铃薯）	春薯成熟收获期，秋薯播种幼苗期	春薯及时收获，常翻捡，别除烂薯防腐；低山区和平坝区早播秋薯破休眠，覆膜种植，采用"底肥—道清"施肥法；注意排秋涝，防"秋老虎"

表111　大豆

地区	生长状况	主要农事
东北	鼓粒、绿熟期	抗旱排涝；防治豆荚螟、食叶害虫；准备收获机械
西北		抗旱排涝；防治食叶昆虫；拔除田间大草；准备收获机械
黄淮海、江淮	成熟期	干旱时下午和晚上灌水；根外追肥；防治食叶昆虫；准备收获机械
西南	秋大豆苗期	抗旱排涝；单双子叶杂草同时化除；施用苗肥
江南、华南	夏大豆成熟期	注意防治食叶害虫；根外追肥；干旱时及时浇水

表112　棉花

地区	生长状况	主要农事
黄淮海	收获期	雨后排水，除空枝赘芽和老叶防烂铃；叶面喷肥防早衰；吐絮集中的棉田及时收获；贪青晚熟田施乙烯利促吐絮，防治病虫害
长江中下游		雨后排水，除空枝赘芽老叶防烂铃；叶面喷肥防早衰；贪青晚熟田施乙烯利促吐絮，防治病虫害
西北		青晚熟田秋霜冻前15天趁暖施乙烯利催熟；回收滴灌带；机收棉喷脱叶催熟剂；北疆南疆先后开始收获

（二）果蔬茶

"秋分有雨瓜果甜"。雨水使北方秋季成熟的核果、浆果、苹果、葡萄等果肉更加饱满，糖分分布更加均衡，要及时抢收果蔬，适时播种冬季蔬菜，培育壮苗安全越冬。

果树　**西北地区**苹果中晚熟品种等秋果采收。晚熟品种管理要做好果实脱袋、摘叶转果、铺反光膜、病虫防治、秋施基肥等。**黄淮海地区**大多数果树处于成熟采收期，如苹果、梨、中晚熟葡萄等应适时采收。果实采摘后及时进行秋季修剪、施基肥、翻地松土、喷药防病治虫等农事操作。**江淮、江南、华南地区**柑橘正值果实膨大、花芽生理分化开始期，做好嫁接和秋季高接换种工作。特早熟、早熟柑橘开始销售，中晚熟柑橘要注意防治红蜘蛛、黑刺粉虱、柑橘粉虱、吸果夜蛾等病虫害。

蔬菜　**西北地区**越冬黄瓜嫁接育苗。温室越冬茬番茄、辣椒、茄子可以继续育苗。大葱育苗，秋播大白菜定苗、补苗。**黄淮海地区**大蒜整地播种，抓好冬播及大棚蔬菜育苗工作。四季豆、辣椒、茄子进入采收尾期，适时采收，做好清园工作。大棚种植的番茄、辣椒到了采收后期，注意大棚保温延长采摘期，采摘后加强追施肥水。**江淮地区**大棚越冬蔬菜育苗期，做好降温、降湿和肥水管理，防治病虫害。露地秋菜播种期，做好整地、施肥、做垄、覆膜、播种、浇水等工作，确保全苗。**西南地区**蔬菜管理的内容是"菠菜小葱要种上，白菜浇水把肥施"。

茶　**江淮、江南、华南地区**茶园继续采收秋茶。海拔600米以上的茶园开始施基肥。防治茶橙瘿螨、小贯小绿叶蝉、茶炭疽病等病虫害。陆续开展土地规划等苗圃地整理工作，包括翻地、平整、开辟道路和修排灌沟渠。

（三）畜鱼蚕

农谚说，"秋分节到温度降，鱼塘投饵要减量。"养殖户要做好蛋鸡补光和制作青贮饲料等工作，养鱼户要科学合理喂食，防止水质污染和鱼病暴发，蚕农要储备足量的桑叶供后续食用，做好柞蚕养殖收尾工作。

养鸡场自然光照不足以满足高产蛋鸡的光照需求，通过人工补光的方式可延长蛋鸡光照时间，保证稳定的产蛋量。随着天气转凉，大部分地区的牧草进入枯黄期，放牧也即将进入尾声。鉴于秋季牧草多已结籽，可在放牧前先将草籽打掉，以防草籽划伤羊只皮肤或影响羊毛质量。秋分时节玉米成熟，此时可收割玉米秸秆，制作青贮饲料，以解决冬季饲草短缺的问题。

秋分节气需加强成鱼饲养管理，做好鱼病防治工作。随着夏秋季节转变，水温下降，昼夜温差变大，病菌和寄生虫极易繁殖，此时前后一个月的时间正是鱼类疾病高发的危险期。投放鱼饲料时应适当减量，严防残渣剩饵、鱼类粪便等长时间积累导致水质恶化。饲料种类应做到合理搭配，以促进成鱼快速成长。根据养殖实际情况，可分期捕捞上市。

桑蚕养殖户需根据蚕的龄期及天气状况合理确定给桑量，选用适熟的桑

图65　牧区收割青贮玉米，制作青贮饲料（刘新佳　摄）

叶喂养，尽量剔除虫口叶、污泥叶、过老叶等。特别是盛食期的蚕要喂足，保证蚕快速生长的需要，增加蚕茧产量。秋分前后的桑树病虫害多发，桑叶质量下降，会造成中秋蚕的食物短缺，进而影响蚕茧的数量和质量。因此养秋蚕要选择抗病性强、桑叶产量高、耐旱耐涝、硬化迟的桑树品种进行栽种。秋分节气后，柞蚕养殖接近尾声，要做好蚕茧的采收工作。着手柞蚕留种和以蛹越冬等工作，为来年的柞蚕养殖奠定基础。

二、农村民俗

"金气秋分，风清露冷秋期半。凉蟾光满，桂子飘香远。"秋分是先民最早确立的四个节气之一，也是阴阳平衡、天地中和、万物相宜的好时节。秋分的农俗格外丰富。

板枣开杆节　每年的秋分节气，在稷山县贡枣园举行秋分板枣开杆仪式。随着富有仪式感的鼓号响起，古装仪仗队护送"杆王"从豳风门进入人们视线。通过敬献五谷、敬诵祝文等环节，表达对先人的纪念、对大自然的尊重、对收获的渴望、对幸福生活的憧憬。

图66　中国农民丰收节（中国农业博物馆信息中心　供图）

说秋　秋分时节，江苏苏州等地有"说秋"的民俗，负责"说秋"的"秋官"在对开的红纸或黄纸上，印全年节气和农夫耕田图样，挨家挨户"送秋牛图"，说一些与秋耕有关的吉祥话。

粘雀子嘴　广东等地会把一些实心的汤圆用细竹叉扦着置于田边地坎，称作"粘雀子嘴"，免得鸟雀来破坏庄稼。

吃秋菜　岭南地区有"吃秋菜"的民俗。"秋菜"是一种野苋菜，也叫"秋碧蒿"。人们把采回的秋菜与鱼片一起"滚汤"，叫作"秋汤"。

自2018年起，将每年秋分日设立为"中国农民丰收节"，亿万农民以节为媒，释放情感、传承文化、寻找归属，在节日期间举办丰富多彩、特色鲜明的农耕文化和民俗活动，共享丰收喜悦。

三、田园景观

秋分时节，丹桂飘香。湖北咸宁市别称"桂花城"，每年秋分，咸宁的大街小巷上都散发着独特的桂花香气。当地种植桂花树的历史悠久，最早可以追溯到战国时期，距今已有2500多年历史，清代初期趋于繁盛。如今，咸宁市桂花树总株数达3369万余株，其中，树龄百年以上的古桂花树有2362株，占全国总数的90%以上。"咸宁古桂花树群"被认定为第七批中国重要农业文化遗产。

图67　咸宁市中心的人民广场桂花盛开（咸宁市　供图）

"盛夏千竿绿，当秋万穗红"，这是清代诗人张玉纶笔下的高粱。秋分时节，高粱成熟。金秋时节，贵州仁怀弥漫的酒香中掺入了微焦的高粱气味。高粱经过一夏的生长，长出了枣红色的衣壳。收割一体机往来穿梭在田间，有序地进行着摘穗、脱粒、装车等工序，一株株高粱颗粒归仓，奏响了高粱丰收的序曲。据报道，2023年贵州仁怀市共种植高粱约36万亩，其中订单高粱28万亩，主要用于制酒。在这收获的季节里，因"粮"而兴的酒故事，将再次被人们讲起。

图68　贵州仁怀高粱成熟（王敏　摄）

昼暖夜渐凉　菊黄播麦忙

寒露，二十四节气中的第十七个节气，通常在每年10月8日至9日，太阳到达黄经195°进入寒露节气。"寒露"，意为露水寒冷，即将凝结成霜。《月令七十二候集解》记载："九月节，露气寒冷，将凝结也。"进入寒露时节，天气由凉爽向寒凉过渡。此时，农民躬耕田野，抢农时、忙收获，防止因降雨不均引发的旱涝灾害影响收获。寒露分三候：一候鸿雁来宾，最后一批南迁的鸿雁飞过；二候雀入大水为蛤，雀鸟南迁越冬，干涸的河床、滩涂上蛤类变得常见；三候菊有黄华，季秋之月，菊花盛开。

一、农业生产

（一）粮棉油

"寒露不低头，割去喂老牛。"寒露时节，夏播作物逐渐成熟，全国各地开始大范围收获。这段时间要做好收获、烘干、晾晒，以及安全储藏的工作。

东北地区玉米、水稻收获，大豆进入黄熟、完熟期。**西北地区**处于农闲时期。**黄淮海地区**粳稻、夏玉米、夏大豆进入收获期；棉花进入终絮期，要适时收获，晾晒储藏。冬小麦开始陆续播种；油菜已进入苗期，要适时播种，确保质量，培育壮苗。**江淮地区**夏玉米、棉花、大豆等也进入了收获期；粳稻仍处于灌浆期，小麦开始播种。**江南、华南地区**水稻处于灌浆期或收获期，大豆、玉米处于收获期和籽粒形成期，小麦、马铃薯等开始播种或出苗。

表113　小麦

地区	生长状况	主要农事
东北、西北（部分地区）		春小麦农闲期
西北（大部分地区）	旱地小麦苗期，灌区播种期	旱地查苗补苗，化学除草，镇压保墒；灌区及时整地，适时适量播种，施足底肥，查苗补苗防治害虫，提高播种质量，保证一播全苗
黄淮海	播种出苗期	精选优质良种药剂拌种或包衣，根据品种特性和播期确定播种量，施足底肥，播前播后镇压提高播种质量，播种深度适宜一致，力争苗全苗匀苗齐苗壮
江淮	耕地整地、播种出苗	秸秆深埋还田，精选优质良种药剂拌种或包衣，施足底肥，适期适墒适量机播，稻茬麦三沟配套，封杀划锄，播后镇压，力争苗全苗匀苗齐苗壮
江南、华南		秸秆还田，机耕机整，精选优质良种药剂拌种或包衣，确定合适播期播量和施肥量，机械条播或机械撒播，机械开沟，查苗补苗，提高播种质量，保证一播全苗
西南	备种	开沟降渍，灭茬作业，准备种子化肥，调试农机，适时耕作，秸秆处理

表114　水稻

地区	生长状况	主要农事
西北		水稻农闲期
东北、黄淮海、西南	收获	黄化完熟率95%，霜降之前收获，收获后立即晾晒或烘干，安全贮藏
江淮	灌浆、成熟	黄化完熟率90%以上收获，收获后立即晾晒或烘干，安全贮藏
江南、华南	中稻成熟，收获期，晚稻结实灌浆期	中稻九成黄收获，晚稻保持干湿交替，晚稻预防低温冷害，提高结实率与粒重

表115　玉米

地区	生长状况	主要农事
江淮、西南		玉米农闲期
东北	完熟期	适时收获，争取最高产量，籽粒安全降水分
西北		植株干枯时机械化收获，及时剥叶晾晒，晾晒烘干储藏
黄淮海		及时机械收获，安全风干贮藏，秸秆还田培肥地力
江南、华南	结实灌浆期	除去多余苞穗，适时肥水，防治病虫草害，防灾减灾

表116　油菜

地区	生长状况	主要农事
江南、中南	播种出苗、育苗期	保持"厢沟、腰沟、围沟"三沟畅通，施足底肥，抢墒抢雨抢时播种，封闭除草，防治菜青虫等，查苗补苗
黄淮海、江淮		包衣或药剂拌种，施足底肥，由北向南适期适墒早播，封闭除草防治菜青虫等，移栽油菜适期早栽
西南		灭茬除草整地，厢沟配套，确保质量，施足底肥；适时播种，化学封闭除草，防治地下害虫，查苗补苗

寒露

表117　马铃薯、甘薯

地区	生长状况	主要农事
东北（甘薯）		甘薯农闲期
西北（马铃薯）		提前杀秧，及时收获，存放处通风排湿，做好防冻工作
黄淮海（甘薯）	收获期	霜降前收获，薯窖清理消毒，剔除病坏伤薯块，入窖防破皮损伤，快速降温散湿
长江中下游（甘薯）		霜前收获，剔除病坏伤薯块，防破皮损伤，入窖后高温愈合，快速降温散湿
江南、华南（马铃薯）	秋薯发棵，结薯、膨大期；南部冬薯播种发芽期	种薯消毒切块，催芽整地齐垄宽窄行种植或免耕稻草覆盖，施足基肥，保持土壤湿润，防旱防涝
华南（甘薯）	北部冬薯栽插期，秋薯薯蔓并长期	冬薯确定栽插期、密度和施肥量，秋薯及时抗旱排涝降渍，肥力不足喷施叶面肥防治病虫鼠害，全苗壮苗早结薯，秋薯促根护叶促膨大
西南（马铃薯）	春薯收获扫尾，秋薯发棵结薯期	春薯收获销售、贮藏，秋薯查苗补缺，中耕除草培土，看苗追肥，及时防控晚疫病，防湿排涝，早冬薯下旬播种
西南（甘薯）	落黄期	看蔓根外追肥防早衰，防治斜纹夜蛾等地上虫害，霜降前收挖并及时入库

表118　大豆

地区	生长状况	主要农事
东北、西北、黄淮海	成熟收获期	收获前一周使用脱叶剂，种子田单独收获，商品豆收获后，立即清理干燥，提高收获质量
西南	秋大豆分枝期	除草抗病虫害，使用矮壮素，抗旱排涝，促进多分枝
江南、华南	成熟收获期	种子田割倒晒干后脱粒，商品大豆收获前使用脱叶剂，及时晒干分级包装，提高收获质量

表119　棉花

地区	生长状况	主要农事
全国大部分地区	吐絮后期、末期	喷施乙烯利，清除病桃，及时晾晒打包，促进早吐絮，减少霜后花，提高收获质量

（二）果蔬茶

农谚说，"过了寒露节，夜寒日里热。"此时大部分地区天气逐渐凉爽，其中东北和西北地区的天气已经或即将开始变得寒冷。各地果蔬处于收获期、播种期以及管理期等不同阶段，要因地制宜，做好果蔬的收获、播种和管理。

果树　西北地区有"寒露草枯雁南飞，果香柿红秋收忙""柿子红似火，摘下装箩筐"等农谚。晚熟苹果、梨正值成熟期，除注意苹果、梨适时采收外，主要的管理工作是叶面喷肥、铺反光膜、摘叶转果。采前转果分两次进行，采前两周进行第一次，一周后进行第二次，以消除果面阴阳差异为准。**黄淮海地区**适时采收苹果、柑橘、中晚熟猕猴桃等。葡萄施基肥后，视土壤情况喷一次水。**西南地区、江南、华南地区**做好"寒露收山楂，霜降刨地瓜"。

蔬菜　西北地区有农谚"秋分种蒜，寒露种麦""寒露不刨葱，但等立了冬"。喜温蔬菜进入收获末期，耐寒、半耐寒蔬菜进入生长旺盛季节。菜田的农事活动重点转入大棚内，越冬果菜类幼苗要做好定植。做好大白菜三大病害防治（病毒病、软腐病、霜霉病）。**黄淮海地区**加强叶菜、瓜菜、茄果类蔬菜的田间管理，灌水、防旱，追施肥料，促进生长，并及时采收。对已经结束种植的菜地进行深耕，改良土壤。芹菜、花椰菜等冬季蔬菜要进行育苗和移栽。此时是冬春棚菜的育苗时期，应做好购种、种子处理、消毒、浸种催芽等幼苗培育工作。利用晴好天气，翻种棚菜田园，暴晒、风化土壤，施用有机肥，提高肥力。

茶　江淮、江南、华南地区茶园全年茶叶采摘基本进入尾声，茶园要做好深耕并施入基肥，深耕需达20～30厘米。基肥施用以腐熟有机肥为主，配以磷钾肥，开沟施入覆土。适时进行茶苗扦插，扦插后要注意遮阳和勤浇水。新茶园种植，要在复垦的基础上，进一步清理地面，开深沟施足有机肥。选择适宜天气，按新茶园种植标准种植茶苗，施足定根水，提高茶苗成活率。采摘茶园要注意防治小绿叶蝉和螨类等害虫。已停止采摘的茶园或高山茶园可以用石硫合剂进行封园。

（三）畜鱼蚕

农谚说"寒露之后鸡换羽"。养殖户要注意畜舍防风，适时开展家畜配种、放牧、育肥工作，控制蛋鸡的换羽和营养补充。养鱼户要调整饲料品种和饲喂量，帮助养殖鱼抵御寒凉天气。蚕农尽早开展晚秋蚕的饲养工作。

寒露过后，昼夜温差变大，畜舍内要适度减少通风，尤其是做好夜晚的防风工作。牧区放牧宜早放牧、迟归栏，为家畜越冬储备良好的膘情。养牛户要做好配种工作，确保发情母牛及时配种受孕，不耽误后续的农事安排。秋季是蛋鸡换羽的高发期，换羽会导致蛋鸡的产蛋量明显减少。因此，寒露前后，通过人工干预的方法进行强制换羽，缓解蛋鸡因冬季换羽造成的应激反应。换羽结束后，需加强蛋鸡的营养补充，促其尽快进入产蛋高峰期。

寒露时节鱼塘水温降低，养殖鱼的身体机能也随之下降，食欲衰减。根据当地的气温和水温，可饲喂高蛋白、高能量的饲料以抵御严寒。鱼类新陈代谢开始减缓，养殖密度较高的情况下易造成水体富营养化和缺氧。华南地区养殖鱼类反而因为气温凉爽，会出现短暂的快速生长期，应根据环境变化，随时调整饲料品种和饲喂量。

寒露节气是一年中适宜饲养桑蚕的最后时节，也是秋蚕饲养的最后一批。此时气温明显下降，尤其夜间温度急剧降低，要适时加温。由于气温变化大，桑叶品质也不是很好，加之连续养蚕，各种病原微生物繁殖快、扩散快、感染力强，容易暴发蚕病。

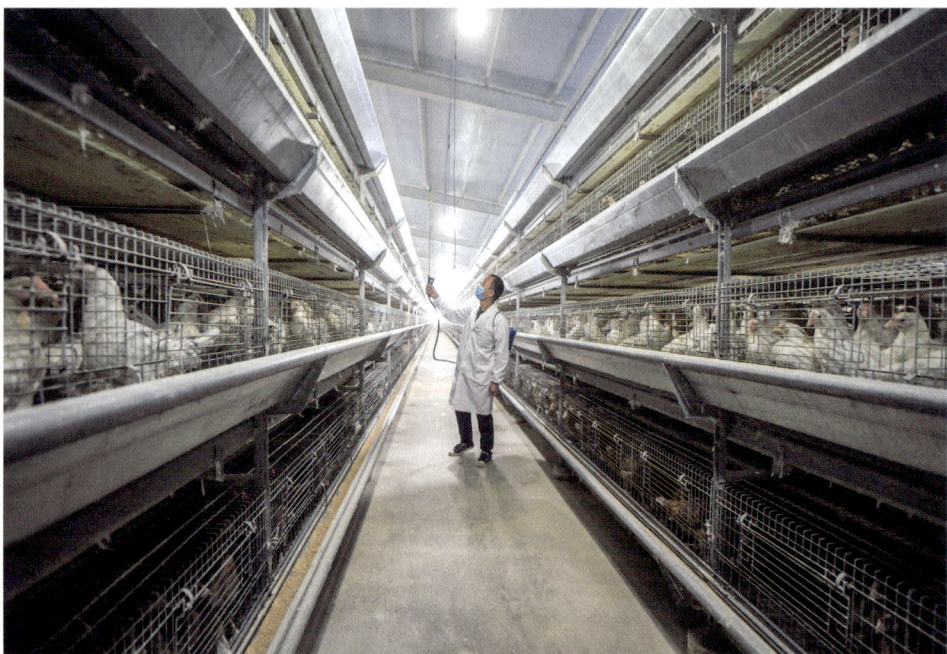

图69　检查蛋鸡的生长和健康状态（滕树明　摄）

二、农村民俗

"寒露惊秋晚，朝看菊渐黄。"寒露前后正值重阳节，有"登高""插茱萸""簪菊花""赏红叶""赛龙舟"的民俗，寓意"避难消灾""步步高升""解除凶秽"。另外，在寒露时节，气温下降迅速，鱼群喜好游向水温较高的浅水区，因而此时钓鱼有"秋钓边"之说。寒露时节采摘的茶叶，称"寒露茶"，富含茶多酚，氨基酸和矿物质，具有润燥生津等功效，适合秋季饮用。

图70　江苏宿迁：龙舟竞渡迎重阳（王力　摄）

三、田园景观

寒露时节，夏日暑气收敛，冬天的严寒尚未来临，百花都已然凋零，唯有东篱菊初开，一场菊花"花事"恰逢其时。江苏泰州兴化垛田，或方或圆，或宽或窄，或高或低，或长或短，形态各异且大小不等；四面环水，垛与垛之间各不相连，如同海上小岛，故有"千岛之乡"的美誉。千垛景区内种植的300余亩菊花陆续开放，色彩斑斓，徜徉其间，呈现出人在花中走、一垛一颜色的景观。

图71 泰州兴化垛田千垛菊花盛开（周社根 摄）

每年寒露节气前后，是蔓越莓的收获季节。黑龙江抚远市红海蔓越莓生产基地是目前中国重要的蔓越莓种植基地之一。蔓越莓果需要经历至少一次霜冻才适合采收，微冷的天气使果实呈现独特的深红色，透亮圆润、宛若玛瑙。当地采用独特的湿收方式，采收前在蔓越莓果田四周筑起一条条挡水围栏，然后往田间注水，水没过植株，将果田变成了一个收纳莓果的大池子。随着打果机缓缓驶过，饱满、鲜红的莓果大片地漂浮在池水上，将波平如镜的水田也染成了红色。果农用拉网的方式将蔓越莓聚拢、收集到一起，完成采收。

图72 黑龙江省抚远市水收蔓越莓现场（刘玉才 摄）

山河暮秋至　秋收冬藏恰其时

霜降，二十四节气中的第十八个节气，通常在每年10月22日至24日，太阳到达黄经210°进入霜降节气。"霜降"表示天气逐渐变冷，露水凝结成霜，农作物陆续收割归仓。俗话说"霜降杀百草"，霜冻对农作物危害很大，做好及时采收、入窖冬藏至关重要。霜降分三候：一候豺乃祭兽，豺才开始大量捕猎食物，并储藏起来以备过冬；二候草木黄落，草木枯萎，树叶掉落；三候蛰虫咸俯，蛰虫进入冬眠状态。

一、农业生产

（一）粮棉油

"霜降见霜，五谷满仓"。霜降时节，瓜果飘香、鱼粮满仓，农民们抓紧做好冬藏准备。霜降过后，气温快速下降，霜杀百草，万物开始凋零，蛰虫进入冬眠，秋天即将宣告结束。

东北地区大豆进入收获期，在收获后要立即清理、干燥。**西北地区**大豆、马铃薯及时收获存储；旱地冬小麦查苗补苗，化学除草，镇压保墒；灌区冬小麦及时整地，适时适量播种。**黄淮海地区**棉花处于枯熟扫尾期，小麦处于播种期，油菜开始移栽，要整地开行，施足底肥，浇足随根水。**江淮地区**粳稻开始收获，旱茬小麦出苗，稻茬小麦开始播种，油菜进入移栽期。**江南、华南地区**晚稻进入灌浆期，要预防低温冷害，秋玉米籽粒正值增重期，要除去多余苞穗，做好肥水供应。**西南地区**油菜播种出苗期要施足底肥，适时播种，化学封闭除草，防治地下害虫，及时查苗补苗。

表120　小麦

地区	生长状况	主要农事
东北、西北（部分地区）		春小麦农闲期
西北（大部分地区）	旱地小麦苗期，灌区播种期	旱地查苗补苗，化学除草，镇压保墒；灌区及时整地，适时适量播种，施足底肥，查苗补苗防治害虫
黄淮海	播种出苗期	精选优质良种药剂拌种或包衣，根据品种特性和播期确定播种量，施足底肥，播前播后镇压提高播种质量，播种深度适宜一致
江淮	耕地整地、播种出苗	秸秆深埋还田，精选优质良种药剂拌种或包衣，施足底肥，适期适墒适量机播，稻茬麦三沟配套，封闭化除，播后镇压
江南、华南		秸秆还田，机耕机整，精选优质良种药剂拌种或包衣，确定合适播期播量和施肥量，机械条播或机械撒播，机械开沟，查苗补苗
西南	备种	适时耕作，秸秆处理；开沟降渍，灭茬作业，准备种子化肥，调试农机具

表 121　水稻

地区	生长状况	主要农事
西北、西南		水稻农闲期
东北、黄淮海	收获	黄化完熟率95%，霜降前收获，收获后立即晾晒或烘干，安全贮藏
江淮	灌浆、成熟	黄化完熟率90%以上收获，收获后立即晾晒或烘干，安全贮藏
江南、华南	中稻成熟、收获期，晚稻结实、灌浆期	中稻九成黄收获，晚稻保持干湿交替，晚稻预防低温冷害，提高结实率与粒重

表 122　玉米

地区	生长状况	主要农事
江淮、西南		玉米农闲期
东北	完熟期	适时收获，籽粒降水分，争取最高产量
西北		植株干枯时机械化收获，及时剥叶晾晒，晾晒烘干储藏
黄淮海		机械收获，安全风干贮藏，秸秆还田培肥地力
江南、华南	结实灌浆期	除去多余苞穗，适时肥水，防治病虫草害

表 123　油菜

地区	生长状况	主要农事
江南、中南	播种出苗、育苗期	保持"厢沟、腰沟、围沟"三沟畅通，施足底肥，抢墒抢雨抢时播种，封闭除草，防治菜青虫等，查苗补苗
黄淮海、江淮		包衣或药剂拌种，施足底肥，由北向南适期适墒早播，封闭除草，防治菜青虫等，移栽油菜适期早栽
西南		灭茬除草整地，厢沟配套，确保质量，施足底肥；适时播种，化学封闭除草，防治地下害虫，查苗补苗

表124　马铃薯、甘薯

地区	生长状况	主要农事
东北（甘薯）		甘薯农闲期
西北（马铃薯）	收获期	提前杀秧，及时收获，存放处通风排湿，做好防冻工作
黄淮海（甘薯）		霜降前收获，薯窖清理消毒，剔除病坏伤薯块，入窖防破皮损伤，快速降温散湿
长江中下游（甘薯）		霜前收获，剔除病坏伤薯块，防薯皮损伤，入窖后高温愈合，快速降温散湿
江南、华南（马铃薯）	秋薯发棵，结薯、膨大期；南部冬薯播种、发芽期	种薯消毒切块，催芽整地齐垄宽窄行种植或免耕稻草覆盖，施足积肥，保持土壤湿润，防旱防湿涝
华南（甘薯）	北部冬薯栽插期，秋薯薯蔓并长期	冬薯确定栽插期、密度和施肥量，力求全苗壮苗；秋薯促根护叶促膨大，及时抗旱排涝降渍，肥力不足时喷施叶面肥，防治病虫鼠害
西南（马铃薯）	春薯收获扫尾，秋薯发棵至结薯期	春薯收获销售、贮藏；秋薯查苗补缺，中耕除草培土，看苗追肥，及时防控晚疫病，防湿排涝；早冬薯下旬播种
西南（甘薯）	落黄期	根外追肥防早衰，防治斜纹夜蛾等地上虫害，霜降前收挖及时入库

表125　大豆

地区	生长状况	主要农事
东北、西北、黄淮海	成熟收获期	收获前一周使用脱叶剂，种子田单独收获，商品豆收获后，立即清理干燥，提高收获质量
西南	秋大豆分枝期	除草抗病虫害，使用矮壮素，抗旱排涝，促进多分枝
江南、华南	成熟收获期	种子田要割倒晒干后脱粒，商品大豆收获前使用脱叶剂，及时晒干分级包装，提高收获质量

表126　棉花

地区	生长状况	主要农事
全国大部分地区	枯熟扫尾期	喷施乙烯利，清除病桃，及时晾晒打包

（二）果蔬茶

霜降时节，北方大部分地区进行果实的秋收扫尾，南方地区要加强果蔬后期管理。

果树 西北地区晚熟品种苹果成熟，及时采收，分级包装入库或者直销。果园清园，秋施基肥等。**黄淮海地区**有农谚"霜降不摘柿，硬柿变软柿。"依品种成熟期的早晚和用途不同，适时采收柿子，采后及时预冷入库，进行脱涩处理。苹果、梨、桃、杏等果园应秋施基肥，以有机肥为主。清除园内的枯枝、落叶、老树皮，深埋在园内，消灭病虫害隐患。

蔬菜 西北地区有农谚"霜降不起葱，越长心越空。"此时大葱处于收获期，要及时起获出售。露地萝卜生长进入肉质根快速膨大期，大白菜进入包心盛期，应加强水肥管理，预防病虫害发生。此时正是大棚番茄、辣椒果实膨大的关键时期，要及时整枝打杈，促进果实膨大。开始扣棚膜，盖上保温被，并注意放风，防止高温徒长。**黄淮海地区**，芹菜、青菜、萝卜等耐寒性蔬菜要加强浇水、防虫等管理工作。大棚番茄、黄瓜、茄子、辣椒等喜温性作物要加强保温防寒，并适时浇水，及时采收。注意大棚内温湿度控制，预防灰霉病、霜霉病、疫病等病害。

茶 江淮、江南、华南地区茶园需要深翻，重施有机肥，配施适量速效化肥。修剪茶树，一般只剪去蓬面突出部分，对生长良好的茶园尽量做到宜轻不宜重。清理茶园内的枯枝、残叶、杂草等，减少茶园内越冬病虫的基数，药剂喷雾后封园。茶苗扦插后要注意遮阳和勤浇水。新茶园开深沟施足有机肥，按标准种植茶苗，施足定根水，提高茶苗成活率。

（三）畜鱼蚕

农谚说"霜降气候渐渐冷，牲畜感冒易发生。"养殖户要谨防畜禽疫病和干草库火灾，养鱼户要为鱼塘配置加热和防风设施，蚕农要做好秋蚕结茧上蔟工作。

要继续做好秋季防疫工作，防止畜禽感冒及其他呼吸道疾病的发生。养殖户要储备充足的饲草料，确保畜禽安全越冬，同时要注重干草储藏库的防火安全。霜降也是秋季羊群配种的最佳时期，农谚有"霜降配种清明乳，赶生下时草上来"的说法，霜降期间配种的母羊恰逢春季产羔，天气暖和、青草鲜嫩、母羊奶水足，有利于羊羔的生长。

霜降节气昼夜温差大，对于鱼类养殖是一种挑战。温差过大易造成水体分层，以及夜间泛底、缺氧的现象，要密切监测水质，调节水质参数，保持水体的清洁。根据水温和天气，适时准备加热器具和防寒防风设施。鱼类摄食量随水温降低而减少。养殖人员可选择在气温较高的中午投喂，避免早晚投喂，饲喂量也应逐渐减少。

桑蚕养殖户应掌握好晚秋蚕结茧上蔟的时间，且保证每蔟蚕茧密度适中。要搞好蔟中通风保温，上高蔟不上低蔟，不采毛脚茧，提高蚕茧质量。霜降节气后，桑叶逐渐老化脱落，蚕缺乏食物来源，进入养蚕活动的收尾期。

图73　新疆阿勒泰市阿苇滩镇牧民在霜降寒潮天气放牧（张秀科　摄）

二、农村民俗

"霜降水返壑，风落木归山。冉冉岁将宴，物皆复本源。"霜降是秋季最后一个节气，在这个秋冬转化的节点，人们通过送寒衣、过霜降节等民俗活动，适应时令的变换，迎接冬天的到来。

寒衣节　霜降前后，北方一些地区有过"寒衣节"的习俗，人们习惯在阴历十月初一祭拜故去的亲人，为他们添置越冬御寒的"寒衣"，寄托对故人的怀念之情。

霜降节 每年农历九月，晚稻收割结束后，广西壮族自治区的天等、大新以及云南东部等地会举办"壮族霜降节"，人们依托于壮族稻作文化，通过祭祀、民歌、戏剧等形式，表达酬谢自然、庆祝丰收、祈盼五谷丰登的愿望。壮族霜降节是国家级非物质文化遗产。

图74　广西天等霜降节：打糍粑（赵雅楠　摄）

三、田园景观

"霜降柿子红，时至秋日终"。山东潍坊市西南部的临朐，是中国柿子之乡。当地的五井镇隐士村每到霜降时节，都会举办"柿文化旅游节"。山野上枫叶经秋霜洗礼变为橘红，在阳光照射下，层林尽染，如霞似锦。待柿树叶落光，柿子完全成熟，又能看到一幅硕果累累，如灯笼满枝的丰收景象，承载着人们"柿柿如意"的美好祝福。柿子还能做成柿饼，表面的结晶糖霜如秋霜降于柿上。正所谓"天上繁霜降，人间秋色深"，吃柿赏枫，莫负秋光正好。

霜　降

161

图75　临朐县境内红柿漫山遍野（洪星　摄）

鸟雀静四野　农家忙收藏

立冬，二十四节气中的第十九个节气，通常在每年11月6日至8日，太阳到达黄经225°进入立冬节气。立冬表示寒季到来，万物进入休养、闭藏状态，气候也由秋季干燥少雨向冬季寒冷冰冻过渡。立冬之后，农事活动进入冬藏粮食、果蔬的阶段。立冬分三候：一候水始冰，水开始凝结成冰；二候地始冻，土地开始冻结；三候雉入大水为蜃，雉鸡飞往南方越冬，干涸的河床、滩涂上出现外壳与雉鸡线条和颜色相似的大蛤。

一、农业生产

（一）粮棉油

冬，终也，万物收藏也，意指农作物收割后要收藏起来，规避寒冻。伴随立冬的到来，气温下降明显，风力较强，保暖、防冻、抗寒是此时农事主旋律。

东北地区要做好秋冬大田耕整。**西北地区**冬小麦苗期要注意镇压保墒。**黄淮海地区**稻茬小麦播种扫尾，早播麦田注意控旺促弱，旺麦进行拍麦镇压，油菜旺苗适时喷施矮壮素化控，弱苗及时追施苗肥促壮。**江淮**地区粳稻处于收获扫尾期，小麦、油菜处在苗期，要及时"四查四补"。**江南、华南地区**秋玉米适时收获，育苗移栽油菜缺苗补苗、移密补稀，早施苗肥；小麦及时抢墒播种，确保苗齐、苗匀、苗壮；秋马铃薯抢晴收获，冬马铃薯播种要防治地下害虫。**西南地区**油菜苗期促弱控旺，弱苗追施提苗肥，旺苗喷施化学调节剂，防虫除草，适时灌溉；小麦施足基肥，晚播小麦尽早播种，出苗期小麦要做好管理，查苗补苗。

表127　小麦

地区	生长状况	主要农事
东北、西北（部分地区）	春小麦农闲期	
西北（大部分地区）	旱地小麦越冬期，灌区苗期	培育壮苗，旱地化学除草，镇压保墒，控旺防冻，灌区查苗补苗，冬灌，化学除草，防治地下害虫
黄淮海	苗期、分蘖期	促根增蘖，培育壮苗，打好丰产基础。冬前镇压保墒，促进根系生长，化学除草，浇越冬水，确保麦苗安全越冬
江淮		促根增蘖，培育壮苗，打好丰产基础。腾茬播种，查苗补苗，施分蘖肥，除草，冬前镇压，旺苗化控防冻，配套三沟
江南、华南	播种出苗期	提高播种质量，保证一播全苗；秸秆还田，机耕机整；种子包衣或药剂拌种，确定播期播量和施肥量；机械条播或机械撒播，机械开沟，查苗补苗
西南		适时播种，提高播种质量，保证一播全苗，施足基肥，出苗期加强管理

表128 水稻

地区	生长状况	主要农事
东北、西北、黄淮海、江淮、西南	水稻农闲期	
江南、华南	晚稻成熟收获期	九成黄收获

表129 玉米

地区	生长状况	主要农事
长江以北大部分地区	玉米农闲期	
江南	秋玉米成熟收获期	甜玉米授粉20天后及时收获上市或加工，普通玉米完熟后收获，争取产量最大化
西南、华南	秋玉米成熟收获期，冬玉米播种出苗期	甜玉米授粉20天后及时收获上市或加工，普通玉米完熟后收获，争取产量最大化；冬玉米抢墒播种，防除杂草，保水保肥，培育壮苗

表130 油菜

地区	生长状况	主要农事
江南、中南	苗前期、苗期	追施苗肥，培育壮苗保持"厢沟、腰沟、围沟"三沟畅通，补苗定苗，追施提苗肥，培育壮苗，防治菜青虫、蚜虫等，冬前化学除草
黄淮海、江淮		
西南		促弱控旺，防虫防病平衡生长，弱苗追施提苗肥，旺苗喷施烯效唑，人工化学除草，防治菜青虫、蚜虫，防治根肿病，适时灌溉

表131 马铃薯、甘薯

地区	生长状况	主要农事
东北（甘薯）、西北（马铃薯）	马铃薯、甘薯农闲期	
黄淮海（甘薯）	贮藏期	安全贮藏过冬，贮藏温度保持在10～13℃，相对湿度保持在80%～90%，适当通风
长江中下游（甘薯）	贮藏前期	仓库消毒灭菌，入窖后降温至10～13℃，相对湿度85%左右，无病无损愈合好

立冬

165

（续）

地区	生长状况	主要农事
江南、华南（马铃薯）	秋薯膨大积累期；冬薯播种出苗发棵期	秋薯促根壮苗，亩追10千克尿素，冬薯灌水保湿防旱，培土除草，追肥覆盖防霜冻，防早疫病
华南（甘薯）	北部冬薯栽插期，秋薯薯蔓并长期	冬薯分批栽插，注意密度和施肥量，秋薯及时抗旱排涝降渍，收获前15天停止灌水，防治病虫鼠害，及时收获
西南（马铃薯）	秋薯膨大积累收获期，冬薯播种出苗	秋薯加强田间管理，防湿排涝，防控晚疫病，冬薯间套垄作，带芽密播，覆膜前施足基肥，保全苗，早秋马铃薯下旬采收
西南（甘薯）	收获贮藏前期	及早加工，种薯库降温排湿，贮藏同其他薯区

表132　大豆

地区	生长状况	主要农事
东北、西北、黄淮海、江南、华南	仓储待销	仓库防水防潮防火，清理保养农具，完善商品出入库手续，保证大豆籽粒商品质量
西南	秋大豆开花结荚鼓粒期	根外追肥，防治食叶昆虫，防治锈病，保荚提高粒重

表133　棉花

地区	生长状况	主要农事
黄淮海	拔秆期	收净霜后花分级交售，收割和处理棉秸，清理棉田残茬残膜，耕翻耙耱，自留种子处理和贮藏，收净棉絮拔秆，清理棉田
长江中下游	收获扫尾拔秆期	
西北	收获后	收割和处理棉秸，耕翻耙耱，南疆冬灌保墒

（二）果蔬茶

　　立冬时节，北方地区日平均温度下降到4℃左右，田间土壤夜冻昼消之时，抓紧时机浇好果园、菜园的冬水，补充土壤水分，减轻和避免冻害的发生。南方地区，开好田间"丰产沟"，搞好清沟排水，防止冬季涝渍和冰冻

二十四节气农事手册

危害。

果树　东北地区做好果树保暖措施，喜温的果树及时移入室内、大棚中或埋土防寒，防止冻害。**西北地区**采摘苹果时应注意轻采轻放，以防碰撞，并用果柄剪剪短果柄。葡萄园开沟施肥后覆土灌水，对入库的果实进行分级、包装、贮藏。**黄淮海地区**苹果树、桃树、葡萄、柑橘等落叶前后，土壤结冻前，施基肥，浇封冻水。清洁落叶、枯枝、病虫枝，细致刮除老树皮并集中烧毁，消除越冬虫、卵，树干涂白，及时喷药，防治越冬病虫害。**江淮、江南、华南地区**柑橘施用"还阳肥"；清理橘园，疏剪枯枝、病虫枝、落花落果枝、衰退树枝；清理橘园边荒，摘除、捡拾蛆果并深埋处理。

蔬菜　东北地区加强大棚设施覆盖，茄果、瓜果类蔬菜防范冷害，秋黄瓜摘掉畸形果，并加强采摘后的肥水供应。合理运用白天通风，降低棚内湿度，防治烟粉虱、霜霉病等。**西北地区**露地喜温性果菜收获结束，收获后做好田园清洁。耐寒蔬菜要做好收获前的管理。设施蔬菜仍在继续生产，定植大棚西芹，做好霜霉病、叶斑类病害及根部病害的监测与防治。**黄淮海地区**清理田间蔬菜秸秆，深翻土壤，减少病虫害发生。芹菜、青菜、萝卜等耐寒性蔬菜做好浇水、防虫等管理工作。大棚番茄、黄瓜、茄子、辣椒等喜温性作物加强保温防寒，并适时浇水和及时采收。注意大棚内温湿度控制，预防灰霉病、霜霉病等病害。

茶　江淮、江南、华南地区茶园应抓紧时间深翻，重施有机肥，配施适量速效化肥。轻微修剪茶树蓬面突出部分，对生长良好的茶园尽量做到宜轻不宜重。使用药剂对茶园进行喷雾处理后封园。新茶园开深沟施足有机肥，浇足定根水，提高茶苗成活率。

（三）畜鱼蚕

农谚说，"立冬温渐低，管好母幼畜"。立冬时节，要做好畜禽畜舍的保温工作，准备养殖鱼类越冬所需器材，做好蚕室的整理与修缮。

养殖场要做好畜禽的防寒保温工作，尤其要关注受孕母畜和幼畜的养护。民间有"雷打冬，十个栏九个空""立冬下雨，牛羊冻死"等诸多农谚，揭示了立冬时的降雨会增加牛羊因受寒而患病甚至死亡的风险。因此，从立冬开始便不再适合牵牛耕地，潮湿寒冷的环境极易导致牛患上耕牛风湿病，影响畜力的正常使用，要从"使用"向"休养"转变。

当水温高于10℃，要保持鱼料饲喂量，提升养殖鱼类越冬前的肥满度，增强鱼类越冬抗寒能力。水温降低至10℃以下时，立即减少或暂停鱼饲料投喂，但可根据实际情况，酌情在水温较高的中午进行少量补喂。寒冷地区启动鱼类越冬的准备工作。对越冬的池塘进行全面改底，保证底质淤泥中饲料残饵、鱼的粪便等有害物质有效分解，减少残留。启用防寒布、薄膜、加热器等鱼塘防寒保温措施，应对冬季水温骤降情况。

全国各地的养蚕活动均已停止，需整理与修缮蚕室，并对蚕室、蚕具进行消毒杀菌，为来年春蚕的饲养做好准备。

图76　冬季牛场室内饲喂（马百旺　摄）

二、农村民俗

"吟行不惮遥，风景尽堪抄。天水清相入，秋冬气始交。"立冬时节，万物开始进入闭藏阶段，在这个重要的季节交替之时，民间会顺应时节举办丰富的活动。

冬酿　立冬开酿是浙江嘉兴等地的传统酿酒风俗。从立冬开始到第二年立春，这段时间最适合酿黄酒，称为"冬酿"。由于冬季水体清冽、气温低，可有效抑制杂菌繁育，确保发酵顺利进行，又能使酒在长时间低温发酵过程中形成良好的风味，所以是酿酒发酵最适合的季节。一百多年来，当地酿酒师傅在立冬日举行开酿仪式，祭祀酒神、祈求福祉。

依饭节　仫佬族依饭节又称"喜乐愿""依饭公爷"，意为"向祖先还愿"，是广西壮族自治区仫佬族特有的传统节日，为国家级非物质文化遗产。仫佬族每10年中会有3次于立冬时节选择吉日，以仫佬族居住区域所谓的"冬"为单位，在各自的宗族祠堂里举行隆重而神圣的祭祀活动。节日期间，全村上下一片欢腾，男女老少同庆丰收，共享欢乐，相互祝福来年五谷丰登，六畜兴旺。

补冬　"立冬补冬，补虚口"，药店开始制作和售卖各种膏方。民间除购买膏方外，还会根据自己的身体状况和地域特色，选择适合的食物和方法来补充能量和抵御寒冷，北京、天津一带要在立冬这天吃饺子；山西、陕西要吃炸糕；广东潮州要吃香饭；湖南醴陵地区开始制作"醴陵焙肉"；台湾地区会炖麻油鸡、四物鸡来进补，"羊肉炉""姜母鸭"也很受欢迎。

图77　黄酒之乡"立冬"节气开启传统"冬酿"（高洁　摄）

三、田园景观

立冬过后，许多地方已寒风萧瑟冬意浓，但海南日均气温仍在20℃以上，仿若春天，又是一年南繁育种季。所谓"南繁"，就是在冬天前往中国的"天然温室"海南从事作物品种选育、种子生产加代和种质鉴定等活动，从而使新种选育进程大大加速。冬日的三亚南繁基地，阳光依旧温暖而明媚，仿佛将寒冷的季节拒之门外。稻田四处郁郁葱葱，随风摇曳的椰子树下，水稻育种工作者们熟练地剪颖、套袋、取穗、授粉，还要完成田间抽穗调查，一忙就是一整天。

图78 科研人员在海南基地小面积制种试验田中赶粉（何海洋 摄）

在海南这个南繁沃壤里，育种家们年复一年地开展种业自主创新研究，一批又一批水稻新材料、新品种从这里不断走向更广阔的天地。

云暗初成霰点微　旋闻薂薂洒窗扉

小雪，二十四节气中的第二十个节气，通常在每年11月21日至23日，太阳到达黄经240°进入小雪节气。小雪节气降雪，可以帮助土壤保墒，减轻农作物病虫害发生，因而有"瑞雪兆丰年"的说法。《孝经纬》有云："（立冬）后十五日，斗指亥，为小雪。天地积阴，温则为雨，寒则为雪。时言小者，寒未深而雪未大也。"小雪分三候：一候虹藏不见，此时几乎见不到彩虹了；二候天气上升地气下降，天之气向上升，地之气向下降；三候闭塞而成冬，万物开始闭蓄，进入寒冬。

一、农业生产

（一）粮棉油

小雪时节气温较低，北方地区多降雪天气，但农事仍不能懈怠，可以利用冬闲时间进行农副业生产，因地制宜开展农田基本建设、冬季积肥、造肥等工作。

小雪前后，**黄淮海地区**小麦处于越冬期，要注意浇越冬水，及时划锄，破除板结。**江淮地区**处于小麦苗期至分蘖期，可施矮壮素或采取镇压措施；油菜处于苗前期，蚕豆、豌豆幼苗处在分枝期，要培育壮苗，防治病虫害。**江南、华南地区**油菜处于苗后期，需清沟沥水、防除杂草，早播旺苗要及时化控；小麦处于分蘖期，追施分蘖肥，镇压控制旺叶生长，促进分蘖发根。**西南地区**要做好油菜的苗期管理，人工或化学除草，防治菜青虫、蚜虫和地下害虫。

表134　小麦

地区	生长状况	主要农事
东北、西北（部分地区）	春小麦农闲期	
西北（大部分地区）	旱地小麦越冬期，灌区苗期	培育壮苗，旱地化学除草，镇压保墒，控旺防冻；灌区查苗补苗，冬灌，化学除草，防治地下害虫
黄淮海	苗期、分蘖期	促根增蘖，培育壮苗，打好丰产基础；冬前镇压，减少透气跑墒，促进根系生长，化学除草，浇越冬水，确保麦苗安全越冬
江淮		促根增蘖，培育壮苗，打好丰产基础；腾茬播种，查苗补苗，施分蘖肥，除草，冬前镇压，旺苗化控防冻，配套三沟整治
江南、华南	播种出苗期	提高播种质量，保证一播全苗；秸秆还田，机耕机整，种子包衣或药剂拌种，确定播期播量和施肥量，机械条播或机械撒播，机械开沟，查苗补苗
西南		适时播种，提高播种质量，保证一播全苗，施足基肥，加强出苗期管理

表135　水稻

地区	生长状况	主要农事
东北、西北、黄淮海、江淮、西南	水稻农闲期	
江南、华南	晚稻成熟收获期	九成黄收获

表136　玉米

地区	生长状况	主要农事
长江以北大部分地区		玉米农闲期
江南	秋玉米收获期	甜玉米授粉20天后及时收获上市或加工，普通玉米完熟后收获，争取产量最大化
西南、华南	秋玉米成熟收获期、冬玉米苗期	甜玉米授粉20天后及时收获上市或加工，普通玉米完熟后收获，争取产量最大化，冬玉米及早除蘖打杈，保水防涝，防治病虫害，壮苗壮秆

表137　油菜

地区	生长状况	主要农事
江南、中南	苗前期、苗期	追施苗肥，培育壮苗保持"厢沟、腰沟、围沟"三沟畅通，补苗定苗，追施提苗肥，培育壮苗，防治菜青虫、蚜虫等，冬前化学除草
黄淮海、江淮		
西南		促弱控旺，防虫防病平衡生长，弱苗追施提苗肥，旺苗喷施烯效唑，人工化学除草，防治菜青虫、蚜虫，防治根肿病，适时灌溉

表138　马铃薯、甘薯

地区	生长状况	主要农事
东北（甘薯）、西北（马铃薯）		马铃薯、甘薯农闲期
黄淮海（甘薯）	贮藏期	安全贮藏过冬，贮藏温度保持在10～13℃，相对湿度保持在80%～90%，适当通风
长江中下游（甘薯）	贮藏前期	仓库消毒灭菌，入窖后将温度控制在10～13℃，相对湿度85%左右，无病无损愈合好
江南、华南（马铃薯）	秋薯膨大积累期；冬薯播种出苗发棵期	秋薯促根壮苗，亩追10千克尿素，冬薯灌水保湿，防旱死芽，培土除草，追肥覆盖防霜冻，防早疫病
华南（甘薯）	北部冬薯栽插期，秋薯薯蔓并长期	冬薯分批栽插，注意密度和施肥量，秋薯及时抗旱排涝降渍，收获前15天停止灌水，防治病虫鼠害，及时收获
西南（马铃薯）	秋薯膨大积累收获期，冬薯播种出苗期	秋薯防湿排涝，防控晚疫病，冬薯间套垄作，带芽密播，覆膜前施足基肥，保全苗，早秋马铃薯下旬采收
西南（甘薯）	收获贮藏前期	及早加工成淀粉，种薯库降温排湿，贮藏同其他薯区

小雪

173

表 139　大豆

地区	生长状况	主要农事
东北、西北、黄淮海、江南、华南	仓储待销	仓库防水防潮防火，清理保养农具，完善商品出入库手续，保证大豆籽粒商品质量
西南	秋大豆开花结荚鼓粒期	根外追肥，防治食叶昆虫，防治锈病，保荚提高粒重

表 140　棉花

地区	生长状况	主要农事
全国		棉花农闲期

（二）果蔬茶

　　小雪节气，虽然多有降雪、天气寒冷，但还没有达到一年之中最冷的时候。果树、蔬菜和茶叶等仍需要做好果实贮藏管理工作，以防受冻。

　　果树　东北、西北地区要进行冬耕清园、整枝修剪、树干保护；果园冬灌培土，树干涂白。清园管理主要是清理枯枝落叶、病虫果、病害枝条、虫卵、虫茧等，减少越冬病虫基数。冻害易发生的地区以草秸编箔包扎株秆，以防受冻。对梨树高光效树形标准化修剪，高光效果园标准化间伐。正如节气歌"小雪节到初雪飘，苹果土豆贮藏好"所言，要做好苹果贮藏保管工作。**黄淮海、西南地区**有句农谚"到了小雪节，果树快剪截"。要保持果园清洁，清除枯枝、落叶、杂草，刮除翘皮病斑，剪除病虫枝条，涂白树干防止日灼、病虫、冻害。把果园落叶、病枯枝集中烧毁或深埋，将病果、虫果清除至园外，妥善处理，喷洒农药消灭越冬幼虫，深翻疏松土壤，打碎土块并浇水。**江淮、江南、华南地区**柑橘园做好施肥、清园，防治病虫害等工作。

　　蔬菜　东北、西北地区设施农业生产逐渐转为以日光温室为主，大棚生产逐渐停止。注意温室的保温、防雪、防风。**黄淮海地区**的大蒜、洋葱要在封冻前浇封冻水，覆盖牛马粪、碎草等保护幼苗安全越冬。俗话说"小雪铲白菜，大雪铲菠菜"。白菜等冬日蔬菜尽量选择晴天收获，多采用地窖、土埋等土法贮存，做好防冻工作。大棚番茄、黄瓜等喜温性作物要加强保温防寒，并适时浇水、及时采收。注意大棚内温湿度控制，预防灰霉病、霜霉病等病害。**江淮地区**露地秋菜要及时采收、拉秧，清理田间蔬菜秸秆，深翻土壤，减少病虫害发生，为明春蔬菜种植做准备。大棚蔬菜要整地、做垄、铺膜，定植、浇水，注意保温、促缓苗。

茶 **江淮、江南、华南地区**清理茶园，将园内的枯枝、残叶、杂草等加以清理，减少病虫害。在11月底前，药剂喷雾完成封园。新茶园开深沟施足有机肥，种植茶苗，浇足定根水，提高茶苗成活率，做好根茎培土和茶丛覆盖，以防寒防冻。

（三）畜鱼蚕

农谚说，"小雪大雪天气寒，牲畜防疫莫迟延。"养殖户要提防畜禽疾病暴发，渔民采用降低养殖密度、增高水位、减少喂食等措施保证鱼群安全越冬，蚕农要进行蚕室和蚕具消毒。

小雪时节，大部分地区的牧草都进入生长停止期，已不适宜放牧，畜禽养殖转为圈养舍饲模式为主，适当减少运动，避免不必要的体力消耗。畜禽易患流感、腹泻、肺炎等疾病，如发现症状，养殖人员应及时进行对症治疗，同时对畜舍进行彻底清理消毒。

图79　渔民打鱼收网（吴学珍　摄）

大部分地方水温降至10℃以下，鱼体由生长发育阶段逐渐转为停滞阶段，应停止大规模喂食，准备越冬。越冬池塘开始结冰，水位浅且水温变化大，鱼容易冻伤，因此要加深鱼塘水位，正常水位不低于2米，有利于鱼群在深水位集中越冬。可考虑捕捞达到出售规格的鱼，对于已经拉过网，但还没有捕完的鱼塘，拉网时不可过于暴力，易造成鱼体损伤。

蚕种冬期保护是蚕种生产的重要工作之一，蚕种场主要通过浴种、散卵洗落和冷藏三个关键步骤实现。

二、农村民俗

"莫怪虹无影，如今小雪时。阴阳依上下，寒暑喜分离。"小雪时节天气寒冷，万物归于沉寂，民间活动多以储藏食物、祭祀祈福为主。

小雪腌菜 小雪前后，朔风渐起，寒意渐浓，随着农事的陆续结束，冬储成为人们的首要任务。此时各地萝卜、雪里蕻、白菜陆续收获，人们为了延长蔬菜的存放时间，以备过冬时食用，开始腌制、风干各种蔬菜，因此民间有"小雪腌菜"的说法。东北地区的人们喜腌辣白菜，江苏等地的人们喜腌雪里蕻、萝卜干，贵州等地的人们喜渍酸菜。

祭祀水仙王 "十月豆，肥到不见头"，在台湾嘉义县布袋镇一带，在小

图80 贵州黎平：窑上制作酸菜忙（杨代富 摄）

雪节气前后可以捕到"豆仔鱼"，乌鱼群也会来到台湾海峡，另外还有旗鱼、鲨鱼等，所以对于台湾的民众来说，小雪节气是一个渔民丰收的节气，因此在东南沿海尤其是台湾地区有供奉祭祀水仙王的习俗，以祈求航海出行平安。

跳花棚 又称"跳棚"，流传于广东化州市官桥镇长尾公、卷塘尾等村，每逢"小雪"至"大雪"期间，各村择"吃艺日"（活动日）进行傩祭，宰猪、杀鸡、煮糯米酒，广邀亲朋好友，像过"年例"（年节）般隆重。举行"跳棚"的晚上，乡民云集"跳棚坡"的"跳棚台"前，傩祭求神还愿，祈风调雨顺，物阜民安，五谷丰登，六畜兴旺。

三、田园景观

小雪时节，新疆天山南北的哈萨克族牧民遵从"逐水草而居"的传统，开启了一年一度的冬季转场之路，根据季节变化迁徙。草原牧民将牲畜从山上迁徙到平原、盆地、谷地、荒漠、草原地带，因为这些地方没有厚雪覆盖，牲畜能觅食牧草，因此也被称为"冬窝子"。300多公里漫漫长路，壮观的"千军万马"在巍峨的雪山上，穿越千年古牧道，转场到冬季牧场，安全越冬。

图81　新疆温泉县牧民跨地区转场（胡维斌　摄）

玉管鸣寒夜　披书晓绛帷

大雪，二十四节气中的第二十一个节气，通常在每年12月7日至9日，太阳到达黄经255°进入大雪节气。大雪节气，天气愈发寒冷，降雪增多，预示着仲冬时节的到来。古人云："大者，盛也，至此而雪盛也"。到了这个时节，雪往往下得大、影响范围广。此时，黄河流域一带已渐有积雪，而在更北的地方，则是"千里冰封，万里雪飘"的北国风光了。大雪分三候：一候鹖鴠不鸣，寒号鸟不再鸣叫；二候虎始交，老虎开始寻偶交配；三候荔挺出，马兰草顶着寒冬抽出新芽。

一、农业生产

（一）粮棉油

"大雪雪若飘，来年年景好。划锄镇压麦，看天把水浇"，大雪时节，大部分农事活动已经停止，农民们会利用这段时间进行农具的维修、土地的整治以及为来年的春耕做准备。

大雪节气前后，**江淮地区**小麦处于越冬分蘖期，油菜处于苗后期，蚕、豌豆处于幼苗分枝期，要促根增蘖，培育壮苗，打好丰产基础。**江南、华南地区**冬玉米处在出苗期，要做好苗期管理；油菜处于苗后期，要追施苗肥，培育壮苗，促弱控旺，防虫防病平衡生长。**西南地区**油菜苗期促弱控旺，适时灌溉，化学除草，防控病虫害；秋播马铃薯适时收获，冬播马铃薯覆膜播种，查苗补缺，苗后培土覆盖，加强肥水。

表 141　小麦

地区	生长状况	主要农事
东北、西北（部分地区）		春小麦农闲期
西北（大部分地区）	旱地小麦越冬期，灌区苗期	旱地化学除草，镇压保墒，控旺防冻，灌区查苗补苗，冬灌，化学除草，防治地下害虫，培育壮苗
黄淮海	苗期、分蘖期	冬前镇压，减少透气跑墒，促进根系生长，冬前化学除草，浇越冬水，确保麦苗安全越冬，培育壮苗，打好丰产基础
江淮		腾茬播种，查苗补苗，施分蘖肥，除草，冬前镇压，旺苗化控防冻，配套三沟，促根增蘖，培育壮苗，打好丰产基础
江南、华南	播种出苗期	秸秆还田，机耕机整，种子包衣或药剂拌种，确定播期播量和施肥量，机械条播或机械撒播，机械开沟，查苗补苗，提高播种质量，保证一播全苗
西南		适时播种，施足基肥，加强出苗期管理，提高播种质量，保证一播全苗

表 142　水稻

地区	生长状况	主要农事
东北、西北、黄淮海、江淮、西南		水稻农闲期
江南、华南	晚稻成熟收获期	九成黄收获

表143　玉米

地区	生长状况	主要农事
长江以北大部分地区		玉米农闲期
西南	冬玉米苗期	及早除蘖打杈，保水防涝，防治病虫害，壮苗壮秆
江南、华南	冬玉米拔节期	拔节期适增浇水量壮苗壮秆；防病治虫除草，防寒及阴雨寡照

表144　油菜

地区	生长状况	主要农事
江南、中南	苗前期、苗期	保持"厢沟、腰沟、围沟"三沟畅通，补苗定苗，追施提苗肥，培育壮苗，防治菜青虫、蚜虫等，冬前化学除草
黄淮海、江淮		
西南		促弱控旺，平衡生长；化学除草，防虫防病；适时灌溉

表145　马铃薯、甘薯

地区	生长状况	主要农事
东北（甘薯）、西北（马铃薯）、黄淮海（甘薯）、长江中下游（甘薯）、西南（甘薯）		马铃薯、甘薯农闲期
江南、华南（马铃薯）	秋薯积累成熟收获期，冬薯发棵结薯膨大期	秋薯及时采收，冬薯中耕培土追肥水，发棵后亩追15～20千克尿素，防晚疫病，覆盖防霜冻，北部春薯备播
华南（甘薯）	北部冬薯分枝结薯区，秋薯膨大收获期	冬薯盖草浇水防寒，安全过冬；秋薯旱灌涝排，施肥，防治病虫草害，选晴天分批收获上市或贮藏。
西南（马铃薯）	秋薯膨大积累收获期，冬薯播种出苗期	秋薯收获期，冬薯覆膜播种，查苗补缺，苗后培土覆盖，加强肥水，种薯贮藏防冻害

表146　大豆

地区	生长状况	主要农事
东北、西北、黄淮海、江南、华南		大豆农闲期
西南	秋大豆成熟收获期	收获前一周使用脱叶剂，种子田大豆割倒晒干后脱粒，商品大豆收获后及时清理晒干，提高收获质量

表147　棉花

地区	生长状况	主要农事
全国		棉花农闲期

（二）果蔬茶

"大雪犁冬地，护理果园修水利。"大雪时节北方地区露地作物处于越冬期，农事的重点是加强大棚果树生产与管理；江淮以南地区，要加强果蔬水肥管理，中耕培土，充分利用冬季气候和土地资源，实现增产，确保市场供应。

果树　东北、西北地区有句农谚"大雪腊雪兆丰年，树干涂白防病虫。"此时果树落叶后停止生长，逐渐进入休眠期。果园要注意越冬保护，冬季整形修剪，清洁果园，树干涂白，防治病虫害。葡萄需注意冬季管理，冬剪后枝蔓下架，埋土防寒。**黄淮海地区**大部分果树进入休眠期，要通过采取短截、疏枝、疏芽等措施，对苹果树、梨树、葡萄等落叶果树及时修剪，并施入基肥，施后喷一次水。冬季修剪后，应清除果园枯枝残叶等，刮除枝干病斑，防治病虫害。**西南地区**有句农谚"冬天不护树，栽上保不住"，意思是要加强对当年新栽果树的越冬保护，保证安全越冬。

蔬菜　东北地区大棚蔬菜增温补肥。**西北地区**开始为早春上市的茄果类、瓜类进行大棚育苗，追施腐熟有机肥，注意保温、防风、防治病虫害。**黄淮海地区**秋冬茬大棚蔬菜如番茄、茄子、辣椒等正处生长期，要中耕松土、绕蔓绑蔓、整枝打杈、辅助授粉、疏花疏果、浇水追肥，促使多坐果。冬春茬大棚蔬菜如黄瓜、西葫芦等瓜类作物正值定植期，要做好施肥和整地工作，晴天定植，及时灌水。注意控制大棚内温湿度，预防灰霉病、霜霉病等病害。

茶 江淮、江南、华南地区清理茶园，将园内的枯枝、残叶、杂草等加以清理，减少茶园内越冬病虫的基数，药剂喷雾封园。新茶园开深沟施足有机肥，配施磷钾肥，种植茶苗，浇足定根水，提高茶苗成活率。及时做好根茎培土和茶丛覆盖，以防寒防冻。

（三）畜鱼蚕

农谚说，"大雪小雪多北风，保护牲畜过好冬。"养殖户要做好畜舍防风保温工作，对畜禽圈舍进行全面检查和修补，养殖鱼塘应及时除冰扫雪，定期进行巡塘工作，蚕种场要做好蚕卵越冬保存工作。

"小雪棚羊圈，大雪堵窟窿。"大雪时节，要对圈舍进行全面仔细的检查和修补，防止漏风漏雪。对于半封闭的畜舍要用玉米秸秆、稻草、棉花等材料构建挡风屏障；对于全封闭式畜舍，特别是鸡舍，要检查塑料膜的完整性及连接处的密封性。畜舍屋顶应铺设稻草等保暖材料，有条件的养殖场应增配塑料暖棚和保温隔层。

养鱼户要对结冰池面及时扫除积雪，以确保池水的光照时间，增强池内浮游植物光合作用，增加溶氧量。定期巡塘，查看水位高低，有无漏水现象；查看水色的变化，看水质有无变坏；查看有无缺氧死鱼等异常动态。

处理后蚕卵应长期置于2～5℃的环境中，利用低温和避光使蚕卵发育停滞，确保蚕种安全保存到次年春季孵化。

二、农村民俗

"积阴成大雪，看处乱霏霏。玉管鸣寒夜，披书晓绛帷。"大雪时节天寒地冻、昼短夜长，农活不多，人们主要围绕饮食开展腌肉、采捕等民俗活动。

腌肉 大雪时节，室外温度低，便于长期保存肉类，同时也为即将来到的春节大餐做准备，此时各地有"大雪腌肉"的民俗，家家户户忙着腌制"咸肉"，许多房屋的门口、窗台都会挂上腌肉、香肠、咸鱼等，形成一道非常亮丽的风景线，因此也有"未曾过年，先肥屋檐"的说法。

采捕野生海参 大雪时节采捕海参是獐子岛独有的民俗活动。海参具有夏眠习性，当海水温度超过20℃时进入休眠状态。随着海水温度降低，海参夏眠状态解除，开始吸收、储存养分。此时獐子岛的海参肉质肥厚，各项有益成分含量较高，是最佳的采捕、进补时机。如今"大雪采捕节"已成为当地民众生活的重要节日。

图82　浙江嘉兴："大雪"腌肉迎新年（金鹏　摄）

三、田园景观

　　中国雪乡国家森林公园位于黑龙江省牡丹江市海林市长汀镇，隶属于大海林林业局。雪乡的占地面积是17916公顷，海拔1100米，每年十月开始降雪至次年四月，雪期长达七个月，积雪厚度可达两米左右，堪称中国之最。五年前这里还是一片极度寒冷，环境恶劣的林场，如今却成为有名的冬季旅游胜地，每年都要接待成千上万的游客，被人们亲切地称为"中国雪乡"。

图83　黑龙江"中国雪乡"景区夜景（刘国兴　摄）

一阳初起处　万物欲生时

冬至，二十四节气中的第二十二个节气，通常在每年12月21日至23日，太阳到达黄经270°进入冬至节气。冬至时节，北方大部分地区日均温降至0℃以下，且伴有霜冻。冬至日，太阳正午时分直射南回归线，北半球迎来一年中白昼最短、黑夜最长的一天。冬至分三候：一候蚯蚓结，蚯蚓的头从向下转而向上，扭动身体，盘结而上；二候麋角解，雄性麋鹿的角开始脱落；三候水泉动，泉水开始涌动。

一、农业生产

（一）粮棉油

冬至虽处于农闲时段，但为确保农作物安全过冬，农田灌溉施肥、增温保墒等冬季田间管理仍不可少。冬至前后是兴修水利、大搞农田基本建设、积肥造肥的大好时机，同时要施腊肥，做好防冻工作。

冬至前后，**黄淮海地区**小麦进入越冬期，在封冻前灌封冻水。**江淮地区**处于小麦越冬分蘖期，油菜苗后期，蚕豆、豌豆幼苗分枝期，要做好越冬防冻措施，对旺长麦苗进行镇压或化控。**江南、华南地区**秋冬马铃薯要做好防冻、防病工作，油菜蕾薹期补施腊肥。**西南地区**冬油菜处于蕾薹期，要适时补施腊肥，防冻保苗，秋播马铃薯及时采收，冬播马铃薯要做好防冻、防病工作。

表148　小麦

地区	生长状况	主要农事
东北、西北（部分地区）		春小麦农闲期
西北（大部分地区）	旱地小麦越冬期，灌区苗期	旱地化学除草，镇压保墒，控旺防冻；灌区查苗补苗，冬灌，化学除草，防治地下害虫，培育壮苗
黄淮海	苗期、分蘖期	冬前镇压，减少透气跑墒，促进根系生长；化学除草，浇越冬水，确保麦苗安全越冬
江淮		腾茬播种，查苗补苗，施分蘖肥，除草，冬前镇压，旺苗化控防冻，配套三沟，促根增蘖，培育壮苗
江南、华南	播种出苗期	秸秆还田，机耕机整，种子包衣或药剂拌种，确定播期播量和施肥量；机械条播或机械撒播，机械开沟，查苗补苗，提高播种质量，保证一播全苗
西南		适时播种，施足基肥，出苗期加强管理，提高播种质量，保证一播全苗

表149　水稻

地区	生长状况	主要农事
东北、西北、黄淮海、江淮、西南		水稻农闲期
江南、华南	晚稻成熟收获期	九成黄收获

表150　玉米

地区	生长状况	主要农事
长江以北大部分地区、江南		玉米农闲期
西南	冬玉米苗期	防治苗期冷害，防治苗期虫害以培育壮苗
华南	冬玉米喇叭口期	化控防倒伏，促叶、壮秆；防治病虫害

表151　油菜

地区	生长状况	主要农事
江南、中南	苗期、蕾薹期	保持"厢沟、腰沟、围沟"三沟畅通，补苗定苗，追施提苗肥，培育壮苗，防治菜青虫、蚜虫等，冬前化学除草
黄淮海、江淮		
西南		弱苗追施提苗肥，旺苗喷施烯效唑，人工化学除草，防治菜青虫、蚜虫，防治根肿病，适时灌溉

表152　马铃薯、甘薯

地区	生长状况	主要农事
东北（甘薯）、西北（马铃薯）、黄淮海（甘薯）、长江中下游（甘薯）、西南（甘薯）		马铃薯、甘薯农闲期
江南、华南（马铃薯）	秋薯积累成熟收获期，冬薯发棵结薯膨大期	秋薯及时采收，冬薯防病防霜冻害；冬薯中耕培土追肥水，发棵后亩追15～20千克尿素，防晚疫病，覆盖防霜冻，北部春薯备播
华南（甘薯）	北部冬薯分枝结薯区，秋薯膨大收获期	冬薯壮苗安全过冬，秋薯及时收获；冬薯盖草浇水防寒，秋薯早灌涝排，施肥，防治病虫草害；选晴天分批收获上市或贮藏
西南（马铃薯）	秋薯膨大积累收获期，冬薯播种出苗	秋薯收获期，根据市场情况及时采收；冬薯覆膜播种，查苗补缺，苗后培土覆盖加强肥水；种薯贮藏防冻害

冬

至

表153 大豆

地区	生长状况	主要农事
东北、西北、黄淮海、江南、华南		大豆农闲期
西南	秋大豆成熟收获期	收获前一周使用脱叶剂，种子田大豆割倒晒干后脱粒，商品大豆收获后及时清理晒干

表154 棉花

地区	生长状况	主要农事
全国		棉花农闲期

（二）果蔬茶

冬至前后，尽管各地存在着气候差异，但都要做好果园、菜园、茶园的基本建设，积肥造肥，同时要施好腊肥，做好防冻工作。尤其是江南地区更应加强田间管理，促进越冬果蔬生长。

果树 东北、西北地区有句农谚"冬至严寒数九天，清理果园要及时。"苹果、梨等乔化果园冬季要整形修剪，间伐减密，加强果园越冬保护。果实采收后及时清理果园，消灭越冬病菌及害虫，并对果园深翻，施有机肥改良土壤。**黄淮海地区**不少果树进入了生长休眠期，应注意冬耕施肥，清园，土壤结冻前浇封冻水防冻。落叶果树冬季修剪后，清园杀菌，防治病虫害。常绿果树要做好防寒、保温等安全越冬措施，如树干涂白、稻草绑扎、薄膜覆盖等。**江淮、江南、华南地区**柑橘清园消毒，清除枯枝、病果、病叶，做好果树防寒越冬措施。

蔬菜 东北地区采用大棚多层覆盖技术全年都进行茼蒿、生菜、小白菜等的生产，提高种植效益。**西北地区**春节前后上市的大棚蔬菜适时补肥补水、保花保果，及时采摘。**黄淮海地区**越冬蔬菜要注意追施腐熟有机肥，培土护根，覆盖保温，防冻防寒，做好今冬明春蔬菜种植规划。大棚蔬菜应做好保温增温、合理揭盖、适时补光、适度施肥、控制浇水。**黄淮海、江淮地区**大棚越冬果菜处于生长期，应注意昼通风降湿，夜加强保温，施肥浇水，保花保果，防治病虫害。

茶　江淮、江南、华南地区经过耕翻或台刈的茶园，要及时用肥土培根茎，可对茶树起到抗寒保护作用，确保幼龄茶园安全过冬，提高幼龄茶树成活率。使用柴草、秸秆、草皮等铺盖茶园行间，铺盖厚度以不露土为宜，以提高地温，减少土壤水分蒸发，防止出现冻害。茶丛面用草覆盖，有条件的地方可以采用薄膜、遮阳网、地膜等覆盖低幼龄茶树，减少土壤热量散失，提高茶园地温，有利于防风、防霜、防冰冻，增强茶树抗冻能力，但蓬面覆盖时间不宜过长，也不宜过于严实。

（三）畜鱼蚕

农谚说，"冬至刮北风，六畜受难心"。冬至前后是畜禽疫病暴发的高峰期，要做好畜禽的保暖和饱饲工作，养殖鱼塘开始冬季鱼种投放工作，要及时进行冰面开洞、扫雪、巡塘，蚕农进行蚕种保护和选育工作。

冬至过后，气温骤降，妊娠母畜、幼畜及弱畜均面临着传染性疾病的高发风险。养殖户在做好防寒保温工作的同时，要根据不同生理阶段畜禽的营养需要，合理搭配饲粮。正如农谚"冬天不喂牛，春天急白头。交九不加料，春天别用套"，畜禽在冬季的采食量要远大于其他季节，气温越低，采食越多。在实际生产中，养殖户不仅要增加畜禽的饲喂量，还应适度增加日粮中能量饲料的配比，对于牛羊等草食牲畜而言，要适量饲喂优质粗饲料，保证其消化系统的健康运转。

图84　大型搅拌撒料车为肉牛投料（常学辉　摄）

冬至

在冰封的河面人工开凿5～6平方米的洞，捞出碎冰，定时清理水面，既有利于池塘水体中有毒气体的排放，又有利于空气渗入池水。当水温达到6～10℃时，可选择晴朗的中午进行冬季鱼种投放。这段时间气温较低、水质稳定、染病率低，有利于鱼苗在开春后迅速生长。冬季投放鱼种要选择耐寒的品种，如鲤鱼、草鱼等，鱼种下塘前要对其体表进行消毒。华南地区气温在20℃上下，是淡水鱼的生长旺盛期，应为其提供充足的天然饵料，不仅能长大育肥，还能为顺利过冬打下基础。

蚕农利用冬季这段时间对桑树进行修剪管理、桑园清园翻耕、药杀封园。

二、农村民俗

"斗转参横一夜霜。玉律声中，又报新阳。起来无绪赋行藏。只喜人间，一线添长。"冬至是古人十分重视的节气，现如今人们仍保留着冬至祭祖、数九、酿花雕酒、吃饺子、吃汤圆等多种习俗。

三门祭冬　在浙江省台州市三门县至今仍在冬至这一天举行盛大的祭冬活动。活动由取长流水、祷告祈天、祭祖、演祝寿戏、行敬老礼、设老人宴等相关民俗文化组成，传达对于天地自然和祖先的敬畏之情，同时感恩上苍恩赐，祈求风调雨顺，丰产丰收。

图85　三门祭冬

冬至数九　冬至还被称作"交九"或"数九"，从冬至这天起，全国各地有"数九"的民俗，每隔九天作为一个"九"，共分成九个"九"，81天后便迎来了"九九艳阳天"，根据不同的气候条件、农事物候等，不同地区的人们还编排出了不同版本的"数九歌"。等到"九九加一九，耕牛遍地走"时，便是春耕时节了。

酿花雕酒　"花雕酒"是一种储存在雕有各式花鸟虫草、人物故事等酒坛中的上等黄酒。冬至是酿造极品花雕酒的重要时节，古绍兴人称之为"冬酿花雕"。花雕酒以陈为贵，存放时间越长，其价值越高。且花雕酒中含有多种氨基酸、糖类、维生素等营养成分，适量饮用，对身体健康有益。

冬至吃饺子　冬至吃饺子是北方地区的传统习俗，民间传说，是为了纪念"医圣"张仲景施药救死扶伤的恩情。"冬至不端饺子碗，冻掉耳朵没人管"是河南南阳广为流传的民间说法。

图86　内蒙古呼和浩特：饺子飘香情暖冬至（丁根厚　摄）

三、田园景观

　　每年12月中下旬至春节前的一段时间，是查干湖渔民们进行大规模冬季捕鱼作业的黄金时间，查干湖冰雪渔猎文化旅游节也应时启动。隆冬的查干湖万里冰封，湖面被数尺厚的坚硬冰层所覆盖。黎明时分，渔民们分成若干小队，手持冰镩，踏着结实的冰面，开始钻冰捕鱼。当渔网被拉起时，数万斤银闪闪的鲜鱼从湖中涌出，具象了"年年有鱼"的美好期待。千年以来，马拉绞盘、冰下走网的原始渔猎文化，滋养着一方生命。这种北方少数民族的原始捕鱼技艺已被列入国家级非物质文化遗产，成为这片土地上独有的文化符号，也孕育出独特的"冰湖腾鱼"冬捕奇观，每年都会吸引数十万游客前来体验这一"大自然的馈赠"。

图87　渔民从查干湖冰面上捞出大鱼（卢洋　摄）

雪韵染寰宇　寒英缀山川

小寒，二十四节气中的第二十三个节气，通常在每年1月5日至7日，太阳到达黄经285°进入小寒节气。小寒寓意着严冬来临，此时北方大部分地区天气寒冷，树叶早已落尽，鸟雀忙着筑巢，东北地区已是一派雪国风光。民谚有："小寒时处二三九，天寒地冻冷到抖。"小寒时节，各地农活稀少。小寒分三候：一候雁北乡，大雁感知到时节变化，准备由南向北迁移；二候鹊始巢，喜鹊开始筑巢；三候雉始鸲，雉鸡开始鸣叫。

一、农业生产

（一）粮棉油

"一月小寒接大寒，备肥完了心里安"。小寒时节，全国大部分地区天气寒冷，北方总体处于冬闲状态。南方一些地区农事活动仍在进行，特别是低纬度地区和河谷地带，一些作物仍可以良好生长。

黄淮海、江淮和西北地区的冬小麦、冬油菜正处于越冬期，要追施越冬肥，防寒防冻。**江南、华南地区**冬小麦分蘖期要清沟理墒，化调控旺及防冻；冬油菜蕾薹期要清沟沥水，中耕松土，旺苗喷多效唑控旺促壮；冬马铃薯结薯期要追肥培土。**江南地区**春马铃薯播种期要封闭除草，覆盖膜地，防范低温霜冻；秋甘薯要根据市场或天气分批收获；冬甘薯需灌水、弱苗追平衡肥，防治蚜虫、螨类。**华南地区**冬玉米抽雄期防病治虫，防灾减灾。**西南地区**冬小麦分蘖期，要田间除草，清沟理墒，控旺防倒；冬油菜蕾薹期，要清沟沥水，中耕松土，施蕾薹肥，控旺促壮，防治霜霉病；冬播玉米苗期，注意沟灌抗旱，移栽后15天小苗追肥；秋马铃薯收获；冬马铃薯加强苗期管理，防寒抗冻，预防早、晚疫病。

表155　小麦

地区	生长状况	主要农事
东北、西北（部分地区）		春小麦农闲期
西北（大部分地区）	越冬期	冬灌或降雨雪，进行追肥
黄淮海	越冬期	增施有机肥，用秸秆或土杂肥覆盖防冻
江淮		清沟理墒，增施有机肥，用秸秆或土杂肥覆盖防冻，群体偏小且基肥、苗肥不足田块补施腊肥
江南、华南	分蘖期	清沟理墒，化调控旺及防冻
西南		田间除草，清沟理墒，合理调节田间湿度，旺苗喷施多效唑控旺防倒

表156　水稻

地区	生长状况	主要农事
全国		水稻农闲期（不包括再生稻）

表 157　玉米

地区	生长状况	主要农事
长江以北大部分地区、江南		玉米农闲期
西南	冬玉米苗期	沟灌抗旱；移栽后15天给小苗追肥
华南	冬玉米抽雄期	防病治虫，防灾减灾

表 158　油菜

地区	生长状况	主要农事
黄淮海、江淮	苗后期	清沟培土壅兜，"厢沟、腰沟、围沟"三沟畅通、防冻；弱苗施用腊肥防冻
江南、中南	蕾薹期	清沟沥水，中耕松土；旺苗喷多效唑控旺促壮
西南		清沟沥水，中耕松土；看苗施蕾薹肥；旺苗喷多效唑控旺促壮；防治霜霉病

表 159　马铃薯、甘薯

地区	生长状况	主要农事
东北（甘薯）、西北（马铃薯）、黄淮海（甘薯）、长江中下游（甘薯）、西南（甘薯）		马铃薯、甘薯农闲期
江南、华南（马铃薯）	冬薯结薯期，江南春薯播种期	冬薯追肥培土；春薯播种，喷施封闭除草剂，覆盖地膜，防范低温霜冻
华南（甘薯）	秋薯收获，北部冬薯分枝结薯期	秋薯根据市场或天气分批收获；冬薯灌水、弱苗追平衡肥，防治蚜虫、螨类
西南（马铃薯）	秋薯收获，冬薯苗期	秋马铃薯收获；冬马铃薯加强苗期管理，灌水、中耕培土、追肥，防寒抗冻，预防早、晚疫病

表 160　大豆

地区	生长状况	主要农事
全国		大豆农闲期

表161 棉花

地区	生长状况	主要农事
全国		棉花农闲期

（二）果蔬茶

小寒时节，**华南大部分地区**要注意给越冬果蔬追施冬肥，做好冬翻晒垡，防寒防冻、积肥造肥等工作。

果树 西北地区有节气歌"小寒进入三九天，麦苗越冬地上停，清理果园搞修剪，树干涂白刮病变。"果园处于越冬保护期，应注意刮老翘皮，做到大树露白，小树露青；同时要进行冬季修剪、密闭果园改造、树干涂白等工作；寒冷地区幼树主干也需要保护，要检查刮治腐烂病、粗皮病，防治蚧壳虫。**黄淮海地区**有节气歌"小寒把好防冻关，圈舍十度窖十三，大棚瓜菜控温湿，闲来参加培训班。"果树以修剪、刮老树皮、清园消毒、树体保护为重点，同时要注意培土护根防冻、新园平整和树苗定植。柑橘等常绿果树采取防寒、保温等安全越冬措施。对葡萄等棚架设施进行检查，有问题的要进行加固和修缮。

蔬菜 西北地区有句农谚"小寒进入三九天，温棚防风要管好。"大棚蔬菜的防冻、防风、除雪等管理进入关键期，需追施冬肥，育苗温室要注意夜间保温，监测与防治设施蔬菜霜霉病、灰霉病等。**黄淮海地区**越冬栽培的大棚辣椒、番茄、西葫芦等要加强保温管理，防止冻害。春节前后上市的大棚蔬菜要及时补肥补水、保花保果，及时采摘。注意防治蔬菜的灰霉病、叶霉病、疫病、霜霉病、白粉病等。**江淮地区**露地栽培的蔬菜地可用作物秸秆、稻草等稀疏地撒在菜畦上作为冬季长期覆盖物，既不影响光照，又可减小菜株间的风速，阻挡地面热量散失，起到保温防冻的效果。**西南地区**要做好薯窖的保温和防腐烂工作。

茶 江淮、江南、华南地区幼龄茶园及经过耕翻或台刈的成龄茶园，要及时根茎培土。易积水茶园要及时清理水沟，防止积水结冰，伤害茶树根系。茶园行间使用柴草、秸秆、草皮等铺盖茶地，提高地温防止出现冻害，减少土壤水分蒸发。对苗圃、幼龄茶园及经济价值特别高的茶园，应用稻草、遮阳网、地膜等覆盖。

（三）畜鱼蚕

农谚说，"小寒冷死鸡"。养殖户做好畜舍保温和换气工作，养殖鱼塘注意增氧和亲鱼（即具有繁殖能力的雄鱼或雌鱼）放养工作，蚕农进行蚕种保护和选育工作。

北方地区一直有"小寒胜大寒"的说法。小寒时节，一次次寒潮来袭，温度骤降，此时畜舍的保温工作是养殖业的首要大事。养殖场可通过覆盖棉被、塑料膜、稻草等材料实现畜舍墙体和顶部的保温；有条件的养殖场还可采用热风炉、煤炉、暖气等设备提供热源；也可适当增加饲养密度以达到保温效果。在实际生产中，养殖场应调整畜舍内的通风换气量、换气频率和换气时间，在确保充足换气的基础上，尽可能地避免热量流失。"小寒大寒，赶牛不下田。"进入小寒后，牛羊不放牧，不劳作，以期平稳度过寒冷的冬季。

在条件允许的情况下，对进入越冬管理模式的养殖鱼塘做好水中溶氧监测，及时采取增氧措施，防止缺氧死鱼。平时也可以经常观察冰洞有无异常状况，判断水质和鱼类生存情况。水温在16℃左右的地区，应选择体格健壮的亲鱼和鱼种进行放养，在有微流水的条件下，放养密度可适当增加。此时也是选择上好亲鱼准备育种的时期。

小寒时节，蚕农要加强桑树的防寒防冻工作，要对桑树的根部进行培土，或覆盖稻草保温，防止冻伤根系。

图88　牛场员工补充精料，确保牛奶产量稳定、奶牛平安过冬（顾华夏　摄）

二、农村民俗

"小寒连大吕，欢鹊垒新巢。"唐代诗人元稹描绘出了小寒时节既寒冷又蕴含生机的景象。人们用美食美酒暖身驱寒，也以各色"冰戏"为冬日添彩增趣。

吃腊八粥　小寒期间正值腊八节，全国各地有喝腊八粥或吃腊八饭的民俗，用米类、豆类、红枣、桂圆等加水煮熟，用白糖或红糖调味，再用桃仁、瓜子、花生、芝麻等作点缀，营养丰富，香甜美味，暖身驱寒。

图89　甘肃张掖：腊八粥飘香暖心送祝福（成林　摄）

酿"顶太老酒"　从冬至一直到大寒前，是福建省三明市顶太村酿酒的好时节，村民们忙着用优质糯米、山涧泉水和上等红粬酿造御寒的黄酒。由于这项酿造技艺依托于顶太村，且历史悠久，因此酿出的黄酒被称为"顶太老酒"。

冰戏　北方各省份小寒之后天寒地冻，冰期较长久，人们在冰天雪地中以冰车、冰床，滑冰等"冰戏"娱乐身心。

三、田园景观

梅花山位于江苏省南京市玄武区紫金山南麓明孝陵景区内，是钟山风景名胜区重要组成部分，也是中国著名的风景游览胜地。在这里，一株株蜡梅在小寒时节凌寒绽放，与周围的冬日景色形成鲜明对比。南京人植梅、赏梅历史悠久，至今仍盛行不衰。目前，梅花山梅花种植面积达1533亩，植梅35000多株，养育梅花盆景6000余盆，梅花涵盖11个品种群，共计360多个品种，其中国际登录品种有137个。南京红、单瓣早白、南京贵妃等是南京梅花山的珍稀品种。

图90　南京梅花山梅花盛开（邵光明　摄）

小寒时节，东北的室外滴水成冰。但走进辽宁东港的草莓大棚，仿佛置身于春天的花园。清新的空气中弥漫着草莓特有的甜美香气，令人陶醉。一排排整齐的草莓植株生机盎然，绿油油的叶片衬托着一颗颗娇艳欲滴的红色果实，令人陶醉。这些草莓颗颗饱满，仿佛晶莹的宝石点缀在绿叶之间。东港草莓的种植历史可追溯到20世纪20年代，是中国最早引进和持续发展的草莓产地之一，现在是重要的草莓生产和出口基地。

图91　东港草莓迎丰收（蔡冰　摄）

岁暮听风雪　梅柳待阳春

大寒，二十四节气中的第二十四个节气，通常在每年1月19日至21日，太阳到达黄经300°进入大寒节气。《授时通考·天时》引《三礼义宗》解释道："大寒为中者，上形于小寒，故谓之大……寒气之逆极，故谓大寒。"民谚有云："小寒大寒，无风自寒"，大寒在岁终，生机潜伏、万物蛰藏。大寒一过，冬去春来，又是一年新的轮回。大寒分三候：一候鸡始乳，母鸡开始孵育小鸡；二候征鸟厉疾，鹰隼捕猎，猛厉而迅疾；三候水泽腹坚，河湖冰层变得更厚、更坚实。

一、农业生产

（一）粮棉油

大寒天寒地冻，田间农事活动较少，积肥备肥是主要农事活动，为来年做准备。要加强冬小麦和其他越冬作物的田间管理，适时冬灌追肥。

黄淮海、江淮和西北地区冬小麦、冬油菜正处于越冬期，要防止牛羊啃青，适时施蒙头肥，防寒防冻，对于旺长的要适时镇压。**江南、华南地区**冬小麦处在分蘖期，要清沟理墒，化调控旺及防冻；冬油菜蕾薹期要清沟沥水，中耕松土，旺苗化控；冬马铃薯结薯期需追肥培土。**江南地区**春马铃薯播种发芽期喷施封闭除草剂，覆盖膜地，防范低温霜冻；冬甘薯灌水、弱苗追平衡肥，防治蚜虫、螨类。华南冬玉米籽粒形成期要防病治虫，防灾减灾。**西南地区**冬小麦拔节期清沟理墒，控旺防倒；冬油菜蕾薹期，要清沟沥水，中耕松土，看苗施蕾薹肥；冬播玉米拔节期，注意沟灌抗旱，适时追肥；冬马铃薯结合追肥培土，防止出现青薯；春薯覆盖地膜保温抗冻。

表162　小麦

地区	生长状况	主要农事
东北、西北（部分地区）		春小麦农闲期
西北（大部分地区）	越冬期	防牲畜啃青，施蒙头肥，防止冬季冻害
黄淮海、江淮		控制旺长，适时镇压
江南、华南	分蘖期	清沟理墒，化调控旺及防冻
西南	拔节期	清沟理墒，合理调节田间湿度，旺苗喷施多效唑控旺防倒

表163　水稻

地区	生长状况	主要农事
全国		水稻农闲期

表164　玉米

地区	生长状况	主要农事
长江以北大部分地区、江南		玉米农闲期
西南	冬玉米拔节期	沟灌抗旱；移栽后15天小苗追肥
华南	冬玉米籽粒形成期	防病治虫，防灾减灾

表165　油菜

地区	生长状况	主要农事
黄淮海、江淮	苗后期	清沟培土壅兜，"厢沟、腰沟、围沟"三沟畅通、防冻；弱苗施用腊肥防冻
江南、中南	蕾薹期	清沟沥水，中耕松土；旺苗喷多效唑控旺促壮
西南		清沟沥水，控旺促壮，看苗施蕾薹肥

表166　马铃薯、甘薯

地区	生长状况	主要农事
东北（甘薯）、西北（马铃薯）、黄淮海（甘薯）、长江中下游（甘薯）、西南（甘薯）		马铃薯、甘薯农闲期
江南、华南（马铃薯）	冬薯结薯膨大期，江南春薯播种发芽期	冬薯追肥培土；春薯播种，喷施封闭除草剂，覆盖地膜，防范低温霜冻
华南（甘薯）	北部冬薯分枝结薯期	冬薯灌水，弱苗追平衡肥，防治蚜虫、螨类
西南（马铃薯）	冬薯苗期至块茎形成期，春薯播种萌芽期	冬薯结合追肥培土，防止出现青薯；春薯覆盖地膜保温抗冻

表167　大豆

地区	生长状况	主要农事
全国		大豆农闲期

表168　棉花

地区	生长状况	主要农事
全国		棉花农闲期

（二）果蔬茶

农谚说，"小寒大寒，冷成一团"。大寒时节要继续做好果园越冬期保护，积肥堆肥，特别注意果、蔬、茶的防寒防冻，为春天的植株生长做好肥料储备和田间管理。

果树　东北、西北地区继续做好果园越冬期保护。进行果树冬季修剪，施基肥，调整花芽比例和养分供应配比，为果园连年丰产打下坚实基础。果园检查，刮治腐烂病、粗皮病，防治蚧壳虫。**西北地区**强寒流天气时加强棚室保护，勤擦洗棚膜，并及时清除积雪，可临时加温。注意监测与防治霜霉病、灰霉病等。**黄淮海地区**有节气歌"大寒热闹过新年，全年计划订周全。畜禽圈舍常清理，保护蔬菜林果园。"苹果树、梨树、葡萄树等落叶果树要继续修剪，果园内施重肥，树盘松土、培土护根，同时要注意清沟排水，认真做好树干涂白、果树覆盖、喷药消灭越冬病虫害等树体保护管理，以及加热熏烟、清除积雪等防冻和防雪害工作，确保果树安全过冬。柑橘要做好抗寒防冻和抗雪害工作，确保安全过冬。

蔬菜　西北地区秋冬播大蒜开始萌动发芽，要加强水肥管理。"春节前后闹嚷嚷，大棚瓜菜不能忘。"大棚蔬菜及时采摘，供应市场。"大寒过了迎新年，畜圈菜窖防严寒。"要做好蔬菜贮藏管理工作。**黄淮海、江淮地区**越冬栽培的大棚蔬菜做好保温管理，防止冻害。春节前后上市的大棚蔬菜要及时补肥补水、保花保果，及时采摘。大棚内甘蓝、番茄等蔬菜及时移栽，并加盖草苫来保温，促进缓苗。对基肥不足的大棚可以在大寒后，在作物的大沟内追施鸡粪，并及时浇水，可提高后期的产量。加强监测与防治灰霉病、叶霉病、疫病、霜霉病、白粉病等。**西南地区**有句农谚"冻不死的蒜，干不死的葱"，要做好大蒜和大葱的田间管理。

茶　江淮、江南、华南地区易受寒风侵袭的高山茶园，要以稻草、杂草或塑料薄膜覆盖蓬面，以防大风引起枯梢，预防沙暴对叶片造成危害。

（三）畜鱼蚕

农谚说，"数九寒天鸡下蛋，鸡舍保温是关键。"养殖户要做好畜舍防寒保温和换气工作，减少牲畜外出时间，养殖鱼塘要注意及时捕捞成鱼，并做好空池塘的清理消毒工作，蚕农要做好蚕种保护和选育工作。

大寒时节，自然光照渐增，蛋鸡迎来产蛋高峰期，养殖场要做好鸡舍防风保温工作，适时适度地补充人工光照，促进母鸡产蛋。农谚有"小寒大寒，杀猪过年。"因为大寒与春节相连，低温时节有利于生猪屠宰与冷冻保存，所以大寒前后也是农户宰猪杀羊的高峰期。"大寒猪屯湿""大寒牛眠湿""正月赶狗不出门"等诸多农谚都说明大寒时节湿冷环境对畜禽的不利，因此在加强畜舍保温的同时，注意给畜禽提供温水，将冷水放置到室温再进行饮用，避免造成家畜冷应激。

鱼类在严寒天气环境中停止进食，靠体内脂肪维持生命，因此会出现脱脂的情况。大多数鱼塘的存塘量负荷大且鱼类达到了起捕规格，应及时捕捞出售，获得最大的经济效益。起网捕鱼后的塘口不宜马上放水养鱼，特别是暴发过流行病的塘口，一定要干塘、暴晒、暴冻半个月以上直到塘底龟裂，然后再消毒放水放鱼，以减少疾病的发生。

大寒时节，蚕农虽然不再进行直接的养蚕活动，但仍要关注蚕室的保温、蚕具的整修、桑树的越冬管理等工作。

图92　蛋鸡舍增加光照（陈卫红　摄）

二、农村民俗

"旧雪未及消，新雪又拥户。阶前冻银床，檐头冰钟乳。"大寒节气也是年终之际，很多民俗都蕴含着辟邪除灾、辞旧迎新、迎福纳祥的美好意涵。

大寒迎年　大寒节气临近岁末，全国各地有"大寒迎年"的民俗，人们忙着赶大集、备菜、洗浴等，为即将到来的春节做最后的准备。

吃"消寒糕"　北京人在大寒有吃"消寒糕"的习俗。"消寒糕"是年糕的一种，糯米比大米含热量高，食用后全身感觉暖和，有温散风寒、润肺健脾的功效。老百姓选择在"大寒"这天吃年糕，有"年高"之意，代表着吉祥如意、年年平安、步步高升的好彩头。

祭灶神　大寒之际，腊月二十三或二十四这天，传说是灶君、太岁神与民间诸神回天庭向玉皇大帝述职的日子，因此一些地区有"祭灶神"的民俗，人们打扫房屋、打年糕、做糖瓜，还会在厨房灶台附近摆放食品供奉灶王爷和灶王奶奶。

图93　河南开封：送灶王祭灶神传统巡游仪式（杨正华　摄）

三、田园景观

大寒时节，北方白雪皑皑，而广西崇左阳光依然柔和而温暖，这里是全国糖料蔗主产区之一。崇左市龙州县甘蔗种满了喀斯特石山间的谷地，形成一片片甘蔗海。穿梭在甘蔗地里，一根根成熟的甘蔗笔直矗立在大地上，清风拂来，翠绿的蔗叶沙沙作响，如同大自然的低语，诉说着丰收的喜悦。

图94　崇左喀斯特石山脚下的甘蔗进入成熟期（王以照　摄）

编后语

本书由中国农业博物馆二十四节气研究中心牵头编写，按节气分章，每章包含农业生产、农村民俗、田园景观三个方面内容。"农业生产"按粮棉油、果蔬茶、畜鱼蚕三类，介绍农业生产过程中的农时和农事。"粮棉油"部分由兰杰、贾浩、邵宇航负责撰稿；"果蔬茶"部分由贾敏负责撰稿；"畜鱼蚕"部分由张超负责撰稿。"农村民俗"由王晓鸣、朱一鸣负责撰稿。"田园景观"由李桐负责撰稿。张建军、张宇负责了本书的前言和每章节首段部分的撰写。贾浩负责对本书编写工作的沟通联络和文稿汇总。曹幸穗、肖克之、徐旺生、马旭铭、李建萍、付娟、李琦珂、贺娟、柴立平、林苗苗、冯智慧、塔娜、宁波等专家先后参与了书稿的审阅和修正工作。二十四节气研究中心副主任唐志强负责对本书编写和审稿工作的整体统筹。二十四节气研究中心主任刘子忠、原主任隋斌，常务副主任何斌、原常务副主任陈军先后领导本书的编写和审稿工作。但囿于本书涉及领域广泛，编者学识水平的局限，难免有不足之处，恳请广大读者批评指正。

编者

2025 年 6 月